超圖解
電學知識 入門

從電的特性、運作原理到技術應用，一次完整學會！

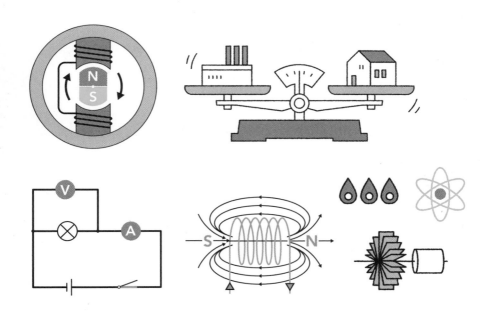

田沼和夫／著　　陳識中／譯

前言

　　在二戰後的高度經濟成長時代，有3種家電神器（電視、電冰箱、洗衣機）開始在日本家庭中普及。當時，使用電力的家電產品主要只有這幾種，但如今我們的生活除了這3種家電神器之外，還充斥著冷氣、微波爐、電子鍋、電腦等各種電器產品。另外，工廠的大型機具也是由電力驅動。不僅如此，鐵路、自來水、下水道等基礎設施亦然，如果沒電的話就只是普通的鐵塊和水泥。然而，正因為電太過貼近我們的生活，而且又是肉眼看不見的東西，所以我們平時幾乎不會意識到它的存在。可以說，電的存在就跟空氣一樣。

　　在以前的時代，每個人都非常了解自己所用的機器的運作原理。但隨著時代演進，機器變得愈來愈複雜，運作原理也變得難以理解。這種不曉得內部結構和運作原理的狀態俗稱黑箱化，但原則上只要能正常使用，黑箱化也不會有什麼問題。然而，近年有不少事故正是因為家電黑箱化所導致的。

　　舉例來說，在微波爐導致的火災中，很大一部分是因為使用者把鋁箔紙（金屬）放進微波爐中加熱所引起。然而，如果大家知道微波爐的加熱原理並理解其危險性，就能大幅減少這種事故的發生。除此之外，如果大家對電的性質有基本認識，也能防止延長線插太多電器引發的火災和觸電意外。由此可見，認識電的基本原理是每個人在現代生活所需的重要素養。

　　本書將帶領各位讀者認識電，並解說各種使用電力的機器的運作機制和原理。

　　我們平常不自覺使用的電，到底是在哪裡、如何產生的，又是透過什麼方式送到我們的手上呢？能讓室內溫度保持涼爽舒適

的冷氣是如何轉移熱氣的？還有，為什麼智慧型手機可以讓我們跟身處遠方的人通話呢？本書將分成以下5個章節為大家解答這些疑問。

Chapter 1　電是什麼？
Chapter 2　讓電力得以被充分運用的電路
Chapter 3　認識如何把電應用在我們的生活中！
　　　　　　電的功用
Chapter 4　用電方法與電的生產和運作內幕
Chapter 5　應用電力的各種技術

在以上各章中，本書結合了淺顯易懂的文章和豐富的插圖仔細地解說，讓不懂電學的讀者也能輕鬆理解。雖然電是肉眼看不到的東西，但在腦中具體想像電力的狀態，對於理解電所引發的各種現象非常重要。因此本書的目標是讓讀者在看完插圖和文章後，腦中可以自然地浮現電的具體形象。

希望大家在讀完本書後，都能理解現代生活中不可或缺的電的本質和功用。此外，如果本書能讓各位對電產生更深的興趣，那就再好不過了。

最後，由衷感謝執筆撰寫本書時，為筆者提供指導和協助的Ohmsha社的諸位工作人員。

2022年9月　田沼和夫

前言

Chapter 3　認識如何把電應用在我們的生活中！電的作用

1

電是什麼？

電燈是文明開化的起點

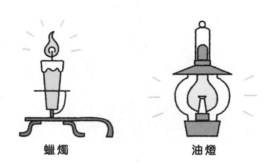

蠟燭　　　　　　　油燈

電燈發明以前

在江戶時代，日本人燃燒蠟燭、菜籽油、芝麻油、魚油等當作照明。而進入**明治時代**（1868～1912）之後，油燈開始在一般家庭普及，戶外的路燈則使用**煤氣燈**。日本的照明開始受到西洋文化和科技的影響。

最早的弧光燈

電燈也是來自西洋的技術之一，1878年（明治11年）3月25日，位於虎之門的工部大學校（現在的東京大學工學部）點亮了日本的第一

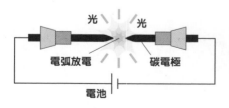

光　　光

電弧放電　　碳電極

電池

弧光燈是利用電弧放電的原理，將碳棒加熱到高溫（約**4000℃**）來發光。

▲ 弧光燈的原理

盞電燈──**弧光燈**（第2頁下圖）。為紀念這件事，日本將3月25日訂為**電氣紀念日**。

文 明 開 化

　　在第一盞**弧光燈**點亮後4年，也就是1882年（明治15年）的11月1日，東京的銀座裝設了一盞宣傳用的路燈（弧光燈）。當時連續好幾天都有大批人潮專門跑來參觀這盞路燈。這盞裝設在5丈（15m）高燈柱上的弧光燈，在當時只知道蠟燭和油燈的日本民眾眼中，據說**亮得讓人睜不開眼**。

　　在《東京銀座通電氣燈建設之圖》這幅描繪了當時情景的彩色印刷木板畫（下圖）中，有著如下記述：「電燈是美國人的新發明，無須點燃其他燃料，只靠一個電氣器械便能發出火光，其光亮可達數十町遠，恰如白晝，可謂除日月之外無其他光可以同等比之」。

　　這句話的意思是說，這盞電燈跟過去利用燃燒現象發光的照明方式完全不同，就跟白晝一樣明亮，除了太陽與月亮之外找不到和它一樣明亮的光。

　　由此可見，弧光燈（電燈）對當時的人們而言，正是**文明開化的起點**。

▲ 《東京銀座通電氣燈建設之圖》（電氣史料館提供）

2 電是如何從電線桿送到住家

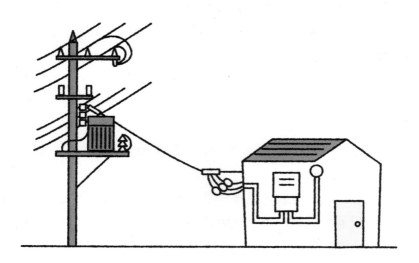

拉電入戶

所謂的拉電入戶，簡單來說就是把電從電線桿配送到一般人的家裡。電力公司通常會將電線從路上的電線桿拉到建築物的屋簷或外牆。而**進屋點**便是**電力公司設備的疆界**（負有安全責任和財產的分界點）。

配電線的高度

根據法規規定，拉電入戶時配電線離地面的高度**在道路上需超過5m，在用地內需超過2.5m**。換句話說，在道路上的高度必須不妨礙車輛通行，在用地內則必須安裝在一般人即使伸手也無法輕易觸碰的位置。

配電盤

　　電配送至住家後會再分成數條通路（電路），引至一樓和二樓或是各個房間。而負責分配電力的箱子就叫做**配電盤**。

　　除了把電力分配到各個房間之外，配電盤還有另一個重要的功能，就是**確保用電安全**。如下圖所示，配電盤設有可在過多電流通過時自動切斷電路的安全斷路器，以及防止漏電的漏電斷路器。

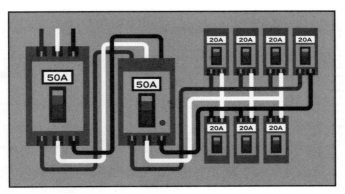

契約用斷路器　　　漏電斷路器　　　安全斷路器
（電流限制器）　　　　　　　　　　（配線用斷路器）

▲ 配電盤內部

契約用斷路器

　　在日本，一般的配電盤內還有電力公司安裝的**契約用斷路器**。契約用斷路器是在電流量超過合約規定的安培值時會自動切斷電流的裝置。不過若使用內建契約用斷電功能的智慧電表，就不需要在配電盤內安裝契約用斷路器。

　　另外，也有電力公司從一開始就不使用契約用斷路器。此時電力公司使用的不是按照合約規定的安培值設定不同基本費用的安培制，而是**最低電費制**。

3 電費是怎麼計算的？

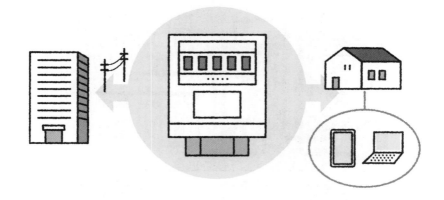

看不見的電

建築、土木、機械等的世界，面對的是肉眼可見的東西，信奉實物主義。只要用眼睛觀看物體的外觀及其運動就能知道那是什麼東西。

相反地，電是肉眼看不見的東西，在正常情況下，無法被人的五感檢測到。所以要處理電力，就必須先**讓電變成肉眼可見**。為此科學家發明出各式各樣的測量儀器，其中之一便是**電度表**，這是一種用來測量電器使用多少電力的機器，精確地說應該叫做**積算型電度表**。電度表一般俗稱電表，可用數值顯示有多少電力通過儀器，然後電力公司再按照這個數字來收取電費。另外，為了確保電度表的測量準確度，**法律規定了電度表的使用期限**。

電度表的種類

傳統的電度表主要採用只測量交流電有效電力的感應式電度表（機械式），但近年則大多採用**智慧電表（電子式）**。

智慧電表具有**通訊功能**，除了可將用電量即時傳回電力公司，還能從遠端接通或切斷電力，並變更合約規定的安培值。此外，因為智慧電表是每30分鐘測量一次，所以可比傳統電表更詳細地監測用電狀況。不僅如此，把智慧電表連接到住家設備、家電機器、電動車（EV）等，還能實現**用電最佳化**。

電費

在日本，每個月的電費除了根據該用戶的用電量收費之外，還包含了以下費用。

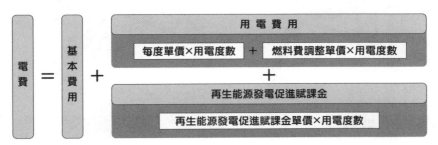

▲ 日本電費計算方式

燃料調整費會依照發電所需的燃料價格浮動變化。說得更具體一點，如果電力公司實際購買的燃料價格超過基準價格，就會把價差加到電費中，如果低於基準價格則會從電費中扣掉價差。

至於再生能源發電促進賦課金，則是讓用戶幫忙分攤電力公司收購再生能源電力的費用。這裡的再生能源包含**太陽能**、**風力**、**水力**、**地熱**、**生質能**5種。

4

電很方便，
但也很危險！

觸電意外

聽到跟電有關的意外，一般人最先想到的就是觸電。電是我們生活中不可或缺的一部分，然而操作不當的話卻有可能瞬間奪命，具有潛在危險的一面。

在觸電意外中，決定危險程度的不是電壓，而是**通過人體的電流大小**、**時間**，以及**路徑**。

通過人體的電流愈大愈危險，人體就連1A的100分之1，即**10mA（毫安）的微小電流都難以承受**。同時，電流通過人體的時間愈長，對人體造成的損害也愈大。尤其電流如果通過心臟的話，最糟的情況可能會導致心跳停止，造成觸電死亡。

另外，**觸電意外通常發生在夏季**。這可能是因為人體雖然有電阻（500～1000Ω），但因流汗而濡濕時，人體的電阻會大幅降低。

另外，夏天時常穿短袖等露出較多肌膚的衣服應該也是原因之一。

觸電的類型

　　觸電有很多種類型，但最常見的是下圖所示的這幾種。

- 人體碰到電路而變成電路的一部分。即人體造成電路**短路**。
- 人體碰到有電流通過的電線等回路，使電流通過人體流向地面。
- 碰到漏電的機器，使電流通過人體流向地面。

(a)人體引發電路短路　　(b)電流通過人體流向地面　　(c)碰到漏電的機器

▲ 代表性的觸電類型

電氣火災

　　很多人以為電器不用火，所以很安全，然而電氣火災在所有火災中所占的比率反而有逐年增加的趨勢，近年在日本甚至達到**30%**。

　　造成電氣火災的主要原因如第10頁的表格所示，絕大多數是使用者的保養維護不當，以及操作失當所導致。因此家裡的電器、插座等，除了要定期檢查、清潔之外，使用時也應該詳細閱讀說明書，以正確的方法操作。最近，屬於電氣火災之一的**通電火災**正受到關注。所謂的通電火災，指的是因地震或颱風等災難導致停電，當電力再次恢復時發生的火災。

　　例如電熱器具因地震而移動翻倒，在與可燃物接觸的狀態下恢復通電時起火，或是受損的電線在通電後短路起火等，這些都屬於

通電火災。通電火災的可怕之處就在於它不是在災難後馬上發生，而是**災難結束後隔一段時間才發生**，或是**在居住者不在家時發生**。

防止通電火災發生最有效的方法，便是**在避難時關閉斷路器**。還有，從避難地點返回家中時，應該先仔細確認電器和配線安全後再打開電源。

▼ 引發電氣火災的三大原因

發生地點	發生原因	預防對策
電暖爐	接觸到可燃物而引發火災的例子。例如掛在電暖爐上方的衣物掉下來，或是睡覺時不小心把毛毯或棉被蓋到電暖爐上。	外出或是就寢前關掉電源。避免將易燃物放在附近。不要把洗好的衣物掛在電暖爐上方烘乾。不用時隨手拔掉插頭。
電線	大多情況為在延長線插太多電器，或在電線綑綁的狀態下使用，導致電線過熱。另外，也有電線被壓在家具下面，導致電線皮或線芯破損而過熱的案例。	不要把家具壓在電線上。不要在延長線上插一堆電器。使用電器時，不要把電線摺疊或綑綁起來。
長時間插著插頭的插座	當長時間插在插座上的插頭和插座之間累積了灰塵，若空氣濕度太高，插頭的兩頭之間就會頻繁放電，發生積汙導電現象而走火。	要定期檢查、清潔插頭和插座（尤其要注意平常看不到的插座）。使用插頭保護套或插座保護蓋。不用的插頭要隨手拔掉。

專欄 讓接地線義務化的首起高壓電觸電意外

日本的電氣雜誌《電氣之友》第75期（1897年10月15日）曾刊載一篇報導如下。

> 十月六日午後五點十分，神田錦町二丁目三番地的牛肉店「江知勝方」的女服務生小花（十五歲），在準備把電燈從切肉場搬到玄關脫鞋處而伸手拔掉電燈電源線時，突然大聲尖叫並痛苦倒地，店內其他人聞聲大驚，連忙前往查看……（節錄）

上述這起意外的發生原因，主要是高壓電（2000V）與低壓電（100V）接觸（混觸），造成高壓電（2000V）流入低壓側所致。當時剛好同時具備以下幾個條件，才導致了這起悲慘的觸電死亡意外。

- 意外發生前2～3天都在下雨，同時死者剛洗完東西，在雙手濕濕的狀態下觸摸了電線。
- 雖然當天該區已有好幾個人在開電燈時感覺到輕微觸電，並通報電力公司進行維修，但意外剛好發生在維修前。

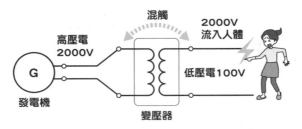

▲ 高壓電觸電意外

另外，因為這起意外，日本政府規定所有電路的低壓側都必須安裝接地線，這樣即使高低壓混觸，也能防止低壓側的電壓上升。

「短路」和「接地」到底是什麼意思？

5

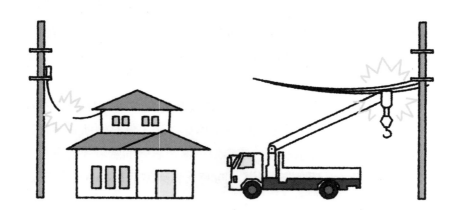

過電流・短路事故

所謂的過電流和短路事故，指的是**用電過度**導致電路上的電流超過承載極限，或是因**故障**引起電路短路，造成非常大量的電流流過電路。

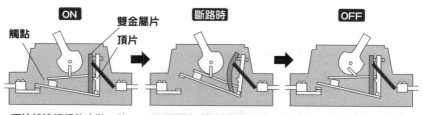

ON	斷路時	OFF
頂片扮演槓桿的支點，使斷路器的觸點閉合。	當過電流或短路電流通過時，雙金屬片會因發熱而彎曲。因此頂片會鬆開，斷開觸點。	雙金屬片冷卻後會變回原本的狀態，讓開關可以繼續使用。

觸點　雙金屬片　頂片

▲ 安全斷路器的運作原理

若放置不理，這股電流有可能會燒壞電線或電器，導致發生火災。而第12頁下圖的**安全斷路器（配線用斷路器）**就是用來預防此情況發生的保護裝置。

漏 電 事 故

漏電事故指的是正常情況下，本該只在電線或電器中流動的電流流到電路外而造成觸電或火災，是非常危險的意外。用於防止此類事故的保護裝置有**接地線**和**漏電斷路器**。

接地線可在電線或電器等漏電時，將漏出的電流引入地面，減少觸電的風險。

至於漏電斷路器則是一種能偵測漏電並切斷回路的保護裝置。正常情況下，電路上流出和流回的電流大小會相同，但發生漏電時則如下圖所示，流回的電流會比較小，而漏電斷路器就是利用這點來偵測漏電。

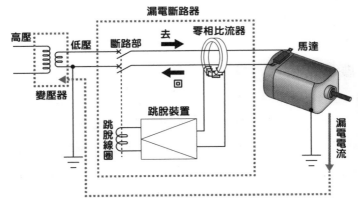

▲ 漏 電 斷 路 器 的 運 作 原 理

要防止漏電意外，除了安裝漏電斷路器之外，還要在電器外箱等金屬部分安裝接地設備。

6 電動吸塵器的原理

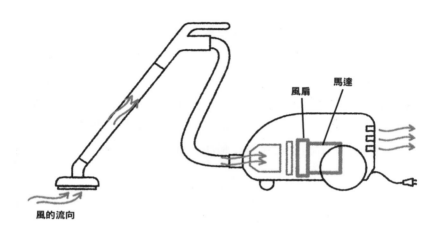

風扇　馬達

風的流向

吸塵器的構造

吸 塵器主要是由吸取灰塵與垃圾的**吸頭**、連接吸頭和本體的**軟管**，以及**本體**組成。這三者的內部是一個聯通的空洞，可使空氣通過。本體內部有一具由馬達驅動的**風扇**，風扇前方還有過濾灰塵的**濾網**，濾網又分成數個種類。濾網的其中一層是**集塵紙袋**，較大的垃圾會在這裡被過濾掉。

吸塵器的運作

　　如第15頁上圖所示，按下開關之後，吸塵器的馬達會開始運轉，並帶動連接馬達的風扇轉動。風扇的轉速高達每分鐘30000～40000轉以上，進入扇葉之間的空氣會被甩到外側，接著從排氣口排出。這會導致扇葉中心區域的空氣變少並產生吸力，通過軟管將

空氣從外面吸入。此時，灰塵與垃圾也會跟著空氣一起被吸入，然後被集塵紙袋或濾網過濾，空氣則排到外部。吸塵器排出的空氣之所以是熱的，是因為這些空氣被用來**冷卻馬達**。

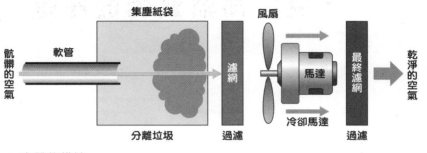

▲ 本體的構造

旋風吸塵器

還有一種不使用集塵紙袋的**旋風吸塵器**。旋風吸塵器如下圖所示，改用**旋風分離器**取代集塵紙袋。旋風分離器會用比擬颱風的力量讓空氣在內部旋轉，使垃圾被**離心力**甩到內壁上。將垃圾分離之後，只有空氣會通過濾網排出去。

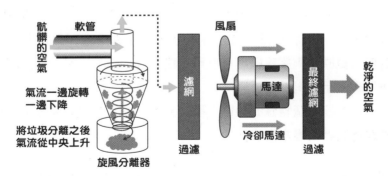

▲ 旋風吸塵器的原理

7 微波爐「只」加熱食物的原理

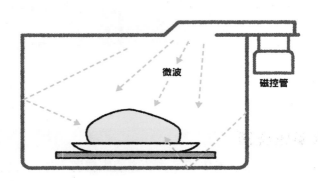

水分子

水分子（H_2O）如下圖所示，是由2個氫原子（H）和1個氧原子（O）結合而成。雖然水分子本身是電中性，但氧原子側帶**負極**，氫原子側帶**正極**，可以用一根兩端分別帶正電荷和負電荷的棒子來表示，叫做**電偶極**。

電偶極有個特殊的性質，那就是從外部對它施加電場時，它會**整齊地順著電場方向排列**。

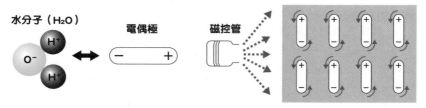

▲ 水分子與加熱原理

磁控管

　　微波爐的心臟是一種名為**磁控管**的特殊**真空管**。在下圖中，從陰極射出的電子會一邊進行**螺旋運動**，一邊朝陽極移動，然後在通過陽極的空洞附近時，與空洞共振引發高頻振動，因而產生**微波**。微波指的是頻率介於300MHz～3000MHz之間的電磁波，而微波爐使用的微波頻率是2450MHz。

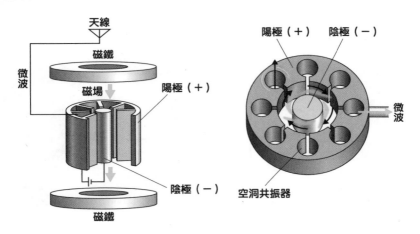

天線

磁鐵

微波

磁場

陽極（＋）

陰極（－）

磁鐵

陽極（＋）　陰極（－）

微波

空洞共振器

▲ 磁控管的原理

微波爐

　　當水分子（電偶極）被磁控管發出的微波照射到時，由於電場快速地交互變化，因此水分子也會跟著振動，繼而**摩擦生熱**。

　　正因為如此，**不含水分的物體無法被微波爐加熱**。另外，微波爐的內壁是使用**可反射微波的金屬**製造，能使微波只在微波爐內反射，並慢慢地加熱。所以微波會被整盤食物均勻吸收，不會出現加熱不均勻的情況。

8

冷氣降溫的原理
就跟灑水一樣!?

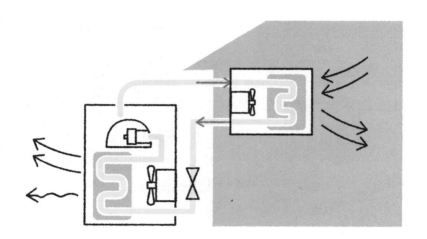

狀態變化

如 下圖(a)所示，水從液態變成氣態時會帶走周圍的熱。這種熱叫做**汽化熱**。在地上灑水能讓溫度降低，變得涼爽，正是出於這個原理。相反地，當水從氣體變成液體時，便會把熱釋放到周圍。這種熱叫做**凝結熱**。

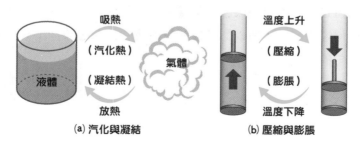

(a) 汽化與凝結　　　　　　(b) 壓縮與膨脹

▲ 汽化熱與凝結熱

還有，如第18頁下圖(b)所示，氣體被壓縮時溫度會上升，氣體膨脹時溫度則會下降。

而冷氣機正是利用液體和氣體的這種性質。只不過冷氣使用的不是水，而是一種的特殊液體，這種液體俗稱**冷媒**。

冷媒循環

冷氣機的冷媒循環過程如下。

1. **壓縮機的作用**（室外機）

低溫低壓的氣態冷媒進入壓縮機之後被壓縮，變成高溫高壓的氣體，然後送入冷凝器。

2. **冷凝器的作用**（室外機）

冷媒把熱釋放到外面，然後從高溫高壓的氣體變成中溫高壓的液體，再送入膨脹閥。

3. **膨脹閥的作用**（室外機）

中溫高壓的液態冷媒會在膨脹閥內減壓，變成低溫低壓的液體，然後送入蒸發器。

4. **蒸發器的作用**（室內機）

藉由冷媒蒸發將室內空氣中的熱轉移到冷煤中，讓空氣降溫。變冷的空氣會被室內機的內部風扇吹到室內。冷媒在吸收室內的熱後會變成低溫低壓的氣體，再次送回壓縮機。

冷暖空調

同時具有冷暖氣機功能的空調，在當成冷氣機使用時會重複進行冷媒循環的1～4步驟，即**壓縮→冷凝→膨脹→蒸發**，將空氣加以冷卻。

而將冷媒循環的步驟逆轉變成4→3→2→1時，冷凝器和蒸發器的功能也會逆轉，使空調可以當成暖氣機使用。

這種使用冷媒移動熱的系統叫做**熱泵**。

9 為什麼被靜電電到會痛，卻不會死人？

電擊

冬天的空氣又冷又乾燥，在這個季節，有時碰觸玄關的門把或是觸摸汽車的金屬部分，指尖會有被電到（靜電觸電）的感覺。還有在黑暗中脫毛衣時，偶爾會看到藍白色的放電現象。

這些現象全部都是**靜電放電**所導致。據說人體上的靜電約有**3000V～10000V**。

為什麼人的身體會累積如此高電壓的靜電呢？為什麼被這種靜電電到卻不會死呢？這是因為靜電的**放電只有一瞬間**。一旦靜電放完電消失後，就不會繼續發生放電。因為日常生活中所產生的靜電是非常短暫的現象，只會讓手指稍微感到刺痛，並不會對人體造成足以致死的巨大傷害。話雖如此，若是讓身體持續接觸靜電的話又會怎樣呢？如此一來人體就會猛烈觸電，非常危險。

施加於人體的電擊電壓〔V〕	電擊強度
1000	完全沒感覺
2000	手指皮膚有感覺，但不會痛
3000	感覺像被針刺到，有刺痛感
5000	從手掌到前臂有疼痛感
6000	手指產生強烈的疼痛，上臂感到沉重
7000	手指、手掌感到強烈疼痛和麻痺
8000	從手掌到前臂都有麻痺感
9000	手腕感到強烈的疼痛，整隻手有麻痺感
10000	整隻手都感到疼痛，並有電流通過的感覺
11000	手指強烈麻痺，整隻手都有強烈的電擊感
12000	整隻手都有被猛烈撞擊的感覺

家庭中的電

　　現代一般人的家中都有各式各樣的家電，例如冰箱、洗衣機、微波爐、電視等。它們運作所需的電壓都是110V，跟靜電的電壓相比算是非常低。但如果當你把手指插進插座，卻會感到強烈的痛楚。這是因為從發電廠通過電線送到插座的電，會在你觸摸插座的期間持續流過你的身體。如果用汽車來比喻的話，靜電就像一輛速度（電壓）很快，但幾乎沒有燃料的汽車。而家裡插座的電則是一輛速度（電壓）很慢，但燃料無限的汽車。

　　另外，靜電一如其名所示，是**帶電（儲存電能的狀態）**而不移動的電；一般家用電則是流動的電。用水來比喻，靜電就像儲存在水池的水，而一般家用電則像流動的河川。

10 人類發現靜電後花了2000年才弄清它的真面目！

泰利斯

在古希臘時代，人們會把**琥珀**戴在身上當裝飾品，但琥珀卻很容易積聚**灰塵**。而且如果用布擦掉琥珀上的灰塵，琥珀反而會沾附更多灰塵。當時一位叫做**泰利斯**（Thales，西元前624～546年前後）的哲學家觀察到此現象後，意識到「用布摩擦琥珀的行為，會讓琥珀變得能夠吸附灰塵」。雖然後來人們才知道這是靜電導致的現象，但泰利斯以為這是磁力造成的，並因此認為琥珀是種天然磁石。這也難怪，因為在那個時代別說是靜電，一般人甚至不知道電的存在。

順帶一提，據說泰利斯還曾透過天文學和測量術成功預測日蝕發生的時間，並測量出金字塔的高度。

威廉・吉爾伯特

第一個發現靜電存在的人，是16世紀一位名叫**威廉・吉爾伯特**（William Gilbert）的英國物理學家。他在實驗中摩擦琥珀以外的其他物體後，發現很多物質都發生了相同的現象。根據此結果，吉爾伯特認為琥珀的吸引力不是琥珀本身的特殊性質，而是**摩擦**所產生的。

因為琥珀的希臘語是elektron，所以吉爾伯特便將這種吸引性稱為**electron**。據說這便是**電的英語electricity的語源**。

在泰利斯發現靜電現象後，人類花了大約2000年的時間才弄清它的真面目。

靜 電

摩擦2種不同的物體，其中一個物體會產生正電，另一個會產生負電。這是由**摩擦起電**所造成的現象，而物體帶有電的狀態，就如字面意義稱為**帶電**。摩擦起電這種在帶電物體上靜止的電，就叫做**靜電**。

▲ 帶電序列

例如，用絲布摩擦玻璃棒，玻璃棒會帶正電，絲布會帶負電。而用毛皮摩擦硬橡膠棒，硬橡膠棒會帶負電，毛皮會帶正電。如上表所示，將各種物質依照易帶正電或負電的順序排列而成的表，就叫做**帶電序列**。

11 賭命實驗
揭開雷的真面目

萊頓瓶

萊頓瓶是一種用來儲存靜電的裝置。這種裝置是在荷蘭的萊頓大學發明的，所以叫做**萊頓瓶**。當時雖然已經發明出利用摩擦產生靜電的裝置，卻不存在可以儲存靜電的裝置。因此能儲存靜電的萊頓瓶在問世後，很快就被當成一種實驗設備流行開來。

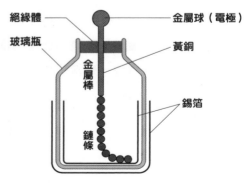

▲ 萊頓瓶

其原理如第24頁下圖所示：①在玻璃瓶的內外貼上錫箔後，插入連著鏈條的黃銅棒，使其接觸內側的錫箔。②用帶電的導體接觸黃銅棒末端的金屬球。③靜電會以跟電容器相同的原理**積蓄在內外的錫箔上**。

風箏實驗

儘管現在大家都知道「雷就是電」，但在萊頓瓶發明之初，雷的真面目仍是一大謎團。直到美國的富蘭克林注意到摩擦起電的放電現象跟打雷很相似，懷疑雷就是電，並用實驗證明了這件事。

在萊頓瓶問世6年後的1752年，富蘭克林把風箏線綁在萊頓瓶上，然後讓風箏飛入雷雲中。過了一段時間後取下萊頓瓶，他發現萊頓瓶中**儲滿了電**。換句話說，這證明了雷就是電。

在富蘭克林的實驗中，儘管他認為雷的電流是通過風箏線流入萊頓瓶的，但實際上雷電的電流通過風箏線時，落雷應該會燒掉風箏和風箏線，造成嚴重損壞。因此現在科學家認為，當時富蘭克林的萊頓瓶應該如下圖所示，是因**靜電感應**作用而充電的。

實際上，後來也有其他研究者用相同的方法進行實驗，結果卻觸電而死，證明了富蘭克林沒被電死，**純粹只是運氣好**。換句話說，那其實是一場賭上性命的實驗。

另外，富蘭克林還從這次的實驗中得到靈感，想到在高樓的頂端安裝金屬棒，將雷電引導到地面，藉此防止落雷引發的災害，更因此發明了**避雷針**。

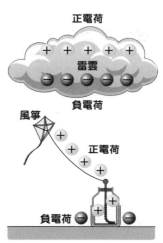

正電荷

雷雲

負電荷

風箏

正電荷

負電荷

▲ 富蘭克林的風箏實驗

12 青蛙腿與電 密不可分的關係

青蛙腿實驗

義大利的**伽伐尼**（Luigi Galvani）是一位解剖學家，主要是研究生物的肌肉對刺激會產生什麼反應。在1780年前後，有一次他利用青蛙腿做實驗時，偶然如第27頁上圖(a)所示，將掛著青蛙腿的黃銅鈎掛在鐵欄杆上，結果發現**青蛙腿產生了痙攣**。為了確定這個現象不是巧合，接著他又按照第27頁上圖(b)的方式，把青蛙腿放在鐵板上，然後將黃銅鈎用力按向鐵板，結果青蛙腿跟之前一樣出現痙攣。後來他又改變地點和時間重複實驗了好幾次，都得到相同的結果。不過，他也發現**若使用絕緣物體就沒有效果**，例如玻璃、橡膠、石頭等。

根據此結果，伽伐尼推測動物的體內存在電，由於生物體內的電通過金屬從神經流到肌肉，才造成了這個現象。

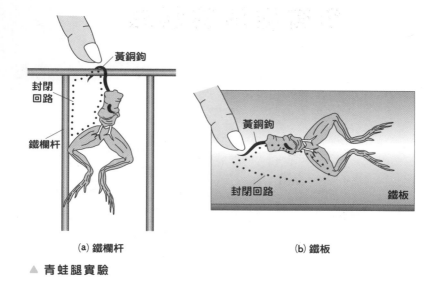

(a) 鐵欄杆　　　　　　　　　　　(b) 鐵板

▲ 青蛙腿實驗

動物電

　　最終伽伐尼得出一個結論，他認為動物體內存在一種特殊的流體電，並且可以儲存在肌肉組織內。同時他將這種特殊的流體命名為**動物電**。

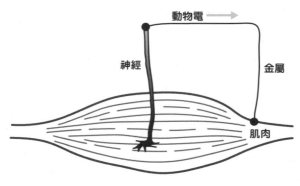

▲ 動物電

13 所有電池的起點

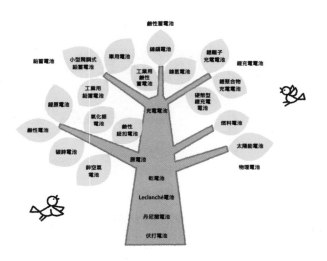

鹼性蓄電池
鎳鎘電池
鋰離子充電電池
鋰充電電池
鉛蓄電池
小型閥調式鉛蓄電池
車用電池
工業用鹼性蓄電池
鎳氫電池
鋰聚合物充電電池
工業用鉛蓄電池
硬幣型鋰充電池
鋰原電池
氧化銀電池
充電電池
燃料電池
鹼性電池
鹼性鈕扣電池
碳鋅電池
太陽能電池
鋅空氣電池
原電池
物理電池
乾電池
Leclanché電池
丹尼爾電池
伏打電池

異種金屬

伽伐尼整理了動物電的相關研究後，在1791年發表了論文。義大利物理學家**伏打**（Alessandro Volta）在看過論文後，自己也做了實驗。他認為動物電不是電學現象，而是物理現象。實驗中青蛙腿出現電流的原因如右圖所示，是2種不同的金屬透過青蛙腿產生接觸所導致的。

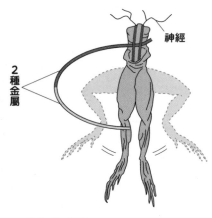

神經

2種金屬

▲ 伏打的想法

兩人之間爆發了爭論，直到1800年，伏打發明了使用2種不同金屬為材料的伏打電池，伏打才終於取得優勢。現在，科學家發現不只伏打的想法是正確的，其實伽伐尼的主張也是對的，生物體在進行生命活動時，體內的確會產生微弱的電流。

伏打電池

無論**伏打電池**還是現代的電池，其原理都是使用正極材料與負極材料2種不同的金屬和電解液來產生電流。換句話說，電池是利用**3種不同材料**來產生電。

▲ 電池的材料

伏打電池如右圖所示，使用銅當作正極材料、鋅當作負極材料，並用食鹽水（或是稀硫酸）當作電解液。伏打電池雖然是現代電池的原型，但作為電池來說並不完整，後來改良成**丹尼爾電池**。

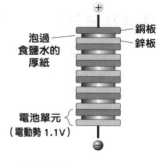

▲ 伏打電池

伏打的貢獻

伏打發明的電池能夠持續產生電流，讓人類從此可以使用流動的電，而不只是靜電。這令電學的研究出現急速發展，間接推動了電燈、電動機、收音機等發明。為了紀念他的貢獻，科學界將電壓的單位命名為**伏特**。

14 極光和日光燈的原理相同？

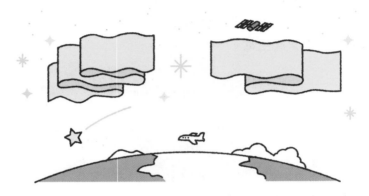

什麼是極光？

彩 虹與極光看起來相似，卻是2種完全不同的東西。**彩虹是大氣中的水珠反射太陽光後產生的現象**。雖然看起來有7種顏色，但實際上只是太陽光而已。然而**極光是大氣本身發光所產生的現象**。地球的大氣大部分是由氮和氧組成，而極光就是氮分子和氧原子發光的現象。

來自太陽的電

太陽的溫度超過100萬度，因此氣體會被電離成電子和離子，變為**電漿※態**（含有帶電粒子的氣體）。這種帶電粒子會如第31頁上圖所示，從太陽飛來地球，稱為**太陽風**。透過太陽風，當電從太陽吹到地球，便會間接導致極光產生。

※　除了固體、液體、氣體之外，電漿是物質的第四種存在狀態。

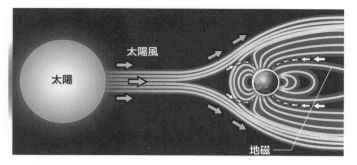

▲ 太陽風

為什麼會發光？

帶電粒子從太陽飛來地球後，會以高速撞上大氣中的氮分子和氧原子，然後氮分子和氧原子會從這些粒子中獲得能量，變成高能狀態。當高能狀態的氮分子和氧原子變回低能量狀態時就會發光。

如果只看發光的原理，那麼極光就跟下圖的**日光燈**一樣。在日光燈中，電極發出的電子會撞擊燈管中的汞原子，**放出紫外線**。

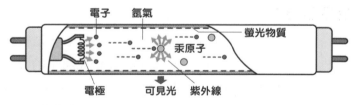

▲ 日光燈的原理

哪裡看得見極光？

由於地球就像一個北極是S極、南極是N極的巨大磁鐵，因此太陽風會被地磁最強的北極和南極吸引，聚集在這裡。所以極光只能在北極或南極附近看到。

15 質子（電子）數決定原子的性質

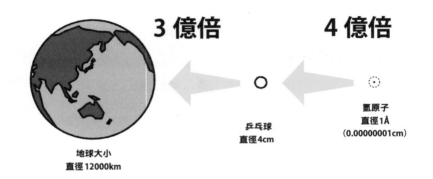

3 億倍

4 億倍

地球大小
直徑 12000km

乒乓球
直徑 4cm

氫原子
直徑 1Å
（0.00000001cm）

什麼是原子？

過去，人們認為原子是構成物質的最小單位，無法再繼續分割。然而，後來科學家又發現了各種組成原子的物質，所以現在**原子已不是最小單位**。不過，由於原子再往下分割，元素就會失去原本的性質，因此在保持元素性質這點上，原子確實是**最小的粒子**。

原子的構造

如第33頁上圖所示，原子是由原子核及環繞在周圍的電子組成。電子帶有負電荷，而原子核是由帶正電荷的質子和不帶電的中子組成。由於質子和電子的數量相同，因此**原子呈電中性**。另外，因為原子核中的質子都帶正電，所以會互相排斥，而中子的角色就像**膠水**，讓原子核不會四分五裂。

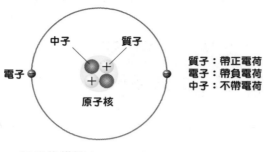

質子：帶正電荷
電子：帶負電荷
中子：不帶電荷

▲ **原子的構造**（以氦為例）

原子序

原子的性質是按照質子數（電子數）決定的，所以原子的質子數又叫做**原子序**。

▼ **主要原子的原子序**

原子序	原子	原子序	原子
1	H（氫）	11	Na（鈉）
2	He（氦）	12	Mg（鎂）
3	Li（鋰）	13	Al（鋁）
4	Be（鈹）	14	Si（矽）
5	B（硼）	15	P（磷）
6	C（碳）	16	S（硫）
7	N（氮）	17	Cl（氯）
8	O（氧）	18	Ar（氬）
9	F（氟）	19	K（鉀）
10	Ne（氖）	20	Ca（鈣）

分子

由多個原子結合而成的結構叫做**分子**，結合成分子後，物質才會開始表現出性質。分子內的原子數量和原子結合的方式是由分子的種類決定，而這兩者又決定了分子的化學性質。

不過，金屬、碳、硫等元素不形成分子，而是單純由無數的原子集合而成。

16

「電流」就是
電子的移動

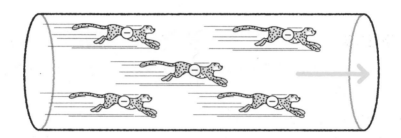

自由電子

原子核周圍的電子如下圖所示，會在多個軌道上繞轉。由於電子帶負電，因此會被帶正電的原子核吸引，通常不會跑到原子外面。

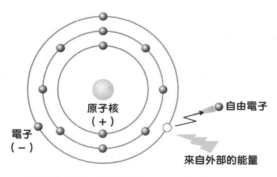

原子核
（＋）

電子
（－）

自由電子

來自外部的能量

▲ **原子的構造**（以鋁為例）

然而，因為最外層的電子離原子核較遠，**電性引力較弱**，所以只要給予熱或光等能量，就能脫離原子自由移動。

這種脫離原子的電子就叫做**自由電子**，而電流的本質就是**自由電子的流動**。

電流與電子流

　　用銅線將小燈泡和電池串連起來，小燈泡就會發亮。此時，電流如下圖(a)所示，從正極流向負極。

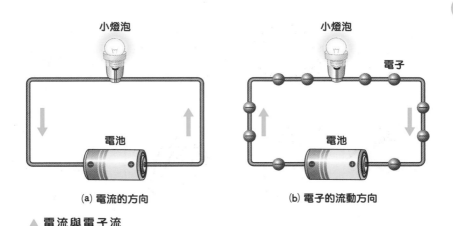

(a) 電流的方向　　　　　　(b) 電子的流動方向

▲ 電流與電子流

　　另一方面，因為電子帶負電荷，會被電池的正極吸引。所以，電子會如上圖(b)所示，從負極流向正極。

流動方向

　　由此可見，電流的方向和電子的流動方向是相反的。這是因為電流比電子更早發現。在電流剛被發現的時候，科學家還不知道在電路上流動的到底是什麼東西，卻還是先將電流定義為從正極流向負極。後來電子被發現，科學家才知道電流的真面目就是電子，但重新改變電流的定義會引起很多問題，所以就保留了這個定義。

電流可通過的導體與不可通過的絕緣體

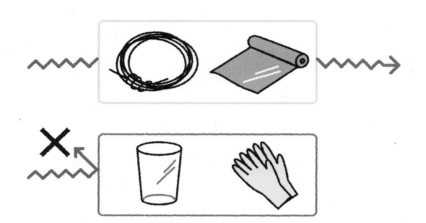

導體

銅 和鋁等電線的主要材質俗稱**導體**。導體如下圖所示擁有很多自由電子，**只要施加電壓，電子就會移動並產生電流。**

另外，把金屬按照容易導電的程度排名，依序是銀、銅、金、鋁、鋅、鎳、鐵。

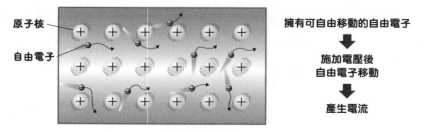

原子核

自由電子

擁有可自由移動的自由電子

⬇

施加電壓後
自由電子移動

⬇

產生電流

▲ 導體

電阻

如下圖（電阻）所示，自由電子在導體內流動時，有時會不小心**撞上導體中的原子**。

換句話說，原子會阻礙電子的流動。而原子阻礙電子流的能力就叫做**電阻**。

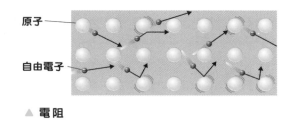

原子

自由電子

▲ 電阻

絕緣體

絕緣體如下圖所示，電子與原子核之間的結合力很強，因此電子只會在原子核四周跑來跑去，不會離開原子核。換句話說，絕緣**體沒有自由電子**，所以不會產生電流。玻璃、橡膠都是代表性的絕緣體，此外塑膠、木頭、油等也是絕緣體，電子不會移動。

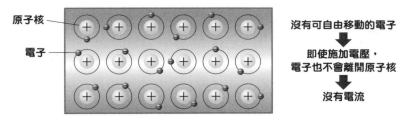

原子核

電子

沒有可自由移動的電子
⬇
即使施加電壓，
電子也不會離開原子核
⬇
沒有電流

▲ 絕緣體

電擊穿

通常，絕緣體中的電子會被原子核束縛，不會變成自由電子。但絕緣體也不是完美的，如果**施以夠高的電壓**，電子仍然會脫離原子核移動，產生電流。這種現象叫做**電擊穿**，會使物質失去絕緣的性質。

18 電的通道「電線」分解後長什麼樣子？

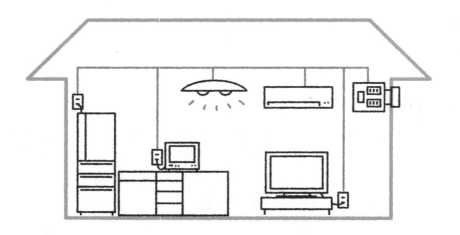

電線

要使電流通過就需要電線。然而並不是隨便拿一條容易導電的導體當作電線就行了。導體外面還需要包上一層就算摸到也不會觸電的包覆物。因此，電線通常如下圖所示，是由易導電的**導體（線芯）**和包覆線芯的不導電的**絕緣體（電線皮）**組成，採用可以防止觸電的雙層構造。

導體（線芯）　　　　　絕緣體（電線皮）

▲ 電線的構造

一般來說，導體會選用電阻小且價格便宜的銅或鋁。而絕緣體主要是採用聚氯乙烯或氟化樹脂。

電纜

　　所謂的電纜如下圖所示，就是在電線的外側再包覆一層外皮。這層外皮叫做**護套**，主要是用來保護電線的絕緣體。

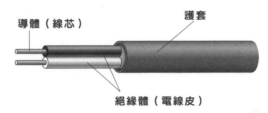

導體（線芯）　　　　　　　護套

絕緣體（電線皮）

▲ 電纜的構造

　　由此可見，電纜比電線多了一層保護絕緣體的護套，安全性和耐用性都比電線更好。

輸電線

　　輸電線使用了非常高的電壓，高達幾十萬伏特。電線若要承受這麼高的電壓，絕緣體就會變得太厚，難以施工安裝。此外，輸電線大多遠離住宅，比較沒有被人誤觸的危險。所以，高壓電的輸電線如下圖所示，通常直接使用導體裸露在外的裸線。至於普通電線的外皮，輸電線則是由導體周圍的空氣代替。

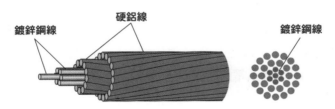

鍍鋅鋼線　　　硬鋁線　　　　　　　鍍鋅鋼線

▲ 輸電線的構造

能自己發電的電鰻

　　人類為了發電費盡千辛萬苦，但沒有手腳的「電鰻」卻能隨時用身體發電。這種生物的身體究竟是怎麼產生電力的呢？

　　其實，包含人類和電鰻在內的所有動物，**在運動肌肉時都會產生微弱的電流**。而電鰻便是利用這個原理，透過一種名叫**發電器官**（由肌肉細胞變化而成）的特殊肌肉進行發電。發電器官如下圖所示，擁有數個**發電板**（四方形的板狀物），透過串聯的方式可以瞬間產生400～800V的電流。

　　除此之外，電鰻不只能發出高壓電，也能發出低壓電（20～30V左右）。牠們會使用高壓電來獵食和抵禦外敵，使用低壓電來尋找獵物（當成雷達使用）。

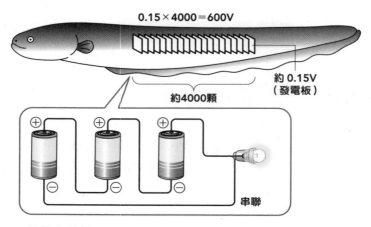

0.15×4000＝600V

約0.15V
（發電板）

約4000顆

串聯

▲ 電鰻的發電原理

　　電鰻體內有大量的脂肪，扮演絕緣體的效果，所以就算接觸到400～800V的高壓電也不會觸電死亡。另外，電鰻只要亢奮激動就會放電，因此看到電鰻時切勿觸摸或刺激牠。

2

讓電力得以
被充分運用的
電路

19 停在高壓電線上的鳥為什麼不會觸電？

電線的種類

一般來說，電線如下圖所示，可以粗略地分為**配電線**和**輸電線**2種。

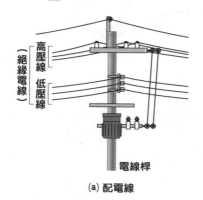

(a) 配電線

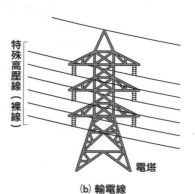

(b) 輸電線

▲ 配電線與輸電線

配電線裝有高壓線（6600V）和低壓線（100V及200V），這些電線都是有絕緣體包覆導體的**絕緣電線**。**所謂的觸電就是電流通過人體，對神經或肌肉造成傷害**。因此鳥類停在不導電的絕緣電線上，**電流不會通過身體，當然不會觸電**。

相反地，輸電線的電線是電壓相當高的**特殊高壓線**（22000V以上），而且還是沒有絕緣皮的裸線。那鳥類碰到輸電線的話會不會觸電呢？

輸電線

如下圖所示，當鳥類停在單一一條電線上時，由於電流無法經由鳥的身體通往其他地方，因此不會流過鳥的身體。然而，如果此時這隻鳥張開翅膀碰到另一條電線，或是兩隻腳分別踩在不同的電線上，由於2條電線可以透過鳥的身體相連，電流就會通過。由此可知，只要不形成電的**通道**，就不會產生電流。因此，不論碰到電壓多高的電線，只要沒有電流通過，鳥類就不會觸電。

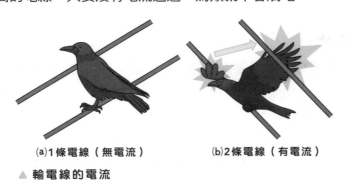

(a)1條電線（無電流）　　　(b)2條電線（有電流）

▲ 輸電線的電流

順帶一提，這點對人類來說也一樣。如果只有一條電線垂落地面是不會觸電的。但如果同時摸到2條電線，或在摸到電線的同時腳又碰到電線桿，那就會發生觸電。另外，當風箏纏到電線時也會觸電，因為此時電線的電流會通過風箏線和人體流到地面。

20 讓電流通過的電路也有符號表？

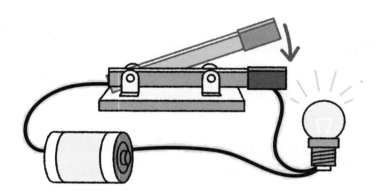

電路圖

要點亮電燈或讓馬達轉動，就必須要有電流。而讓電流經過的通道就是**電路**。

　　畫出實際所用的零件，再用線段代替配線連接各個零件來表示電路的圖，叫做**實體配線圖**。由於實體配線圖畫得很接近實物，因此更容易理解簡單的電路，但遇到複雜的電路時，大量的配線會縱橫交錯，變得難以閱讀。

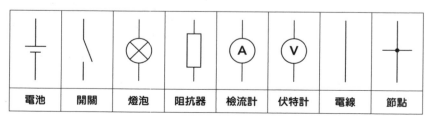

電池	開關	燈泡	阻抗器	檢流計	伏特計	電線	節點

▲ 電路符號

因此，電路更常用電路符號來表示。第44頁下圖便是主要常見的電路符號。

組成元素

一個電路圖至少必須包含以下3個元素。而除了這3個元素之外，通常會再依照需求接上開關或測量計等元件。

- **電源**（電池等產生電流的東西）
- **導線**（電線等讓電流通過的東西）
- **負載**（燈泡等使用電力的東西）

實際的電路

以下是一個實際的電路。下圖(a)是實體配線圖，而下圖(b)則是(a)的電路圖。

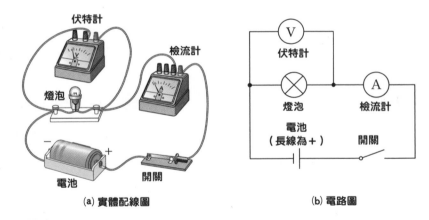

(a) 實體配線圖　　　　　　　　(b) 電路圖

▲ 電路

電路圖必須按照以下規則繪製。

- 導線以直線表示，導線的轉彎處以直角表示。
- 導線的彎曲處不可畫上電池或燈泡等零件（只能畫在直線部分上）。
- 導線的相交處以黑點（節點）表示。

21 電壓是什麼？

電壓

電壓就是使電流通過導體的壓力。要產生電流就要讓電子移動，而**電壓便是使電子移動的壓力**。

(a) 水的流動　　　　　(b) 電的流動

▲ 水壓與電壓

若把電流比喻為水流的話，那麼電壓就相當於水流過水管時的水壓。

如第46頁下圖(a)所示，從位於高處的水桶流出來的水，水壓會比從位於低處的水桶流出來的水更大，水量也更多。而電壓也一樣，如第46頁下圖(b)所示，**電池的數量愈多，電壓就愈大，電流也愈多，所以燈泡會愈亮**。另一個與電壓相似的名詞叫做**電位**，不過電位是用來表示相對於某個基準點的電的高度。換句話說，電位是**相對的**，若基準點改變，電位也會改變。另一方面，電壓是2點之間的電的壓力，這2點的電位差就是電壓。

電 動 勢

所謂的**電動勢**，指的是電池這種產生電壓的能力。換個說法，也就是使電子移動的原動力。換句話說，電動勢便相當於電路上的電源。

電壓和電動勢的單位都是[V]（伏特）。電動勢包含以下幾種。

- 靠化學反應獲得電動勢的**化學電動勢**（電池）
- 靠導體的運動或是磁通量變化產生的**感應電動勢**（發電機或是變壓器等）
- 半導體被光照射時產生的**光電動勢**（太陽能電池）
- 不同物體的溫差產生的**熱電動勢**（溫度感測器等）

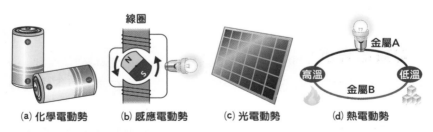

(a) 化學電動勢　　(b) 感應電動勢　　(c) 光電動勢　　(d) 熱電動勢

▲ 電動勢的種類

22 大家都聽過的「歐姆定律」

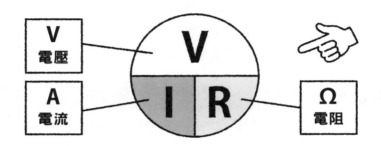

電阻

電阻又叫做**阻抗**，是表示電流（電子）不易通過某物質之程度的數值。電阻通常用R表示，單位是[Ω]（歐姆）。

舉例來說，導體A的電阻是100Ω，導體B的電阻是200Ω，那麼電流就比較難通過電阻值更大的導體B。換句話說，我們可以藉由改變電阻值來改變電流大小。

由此可知，電阻扮演著**控制電流**的角色。

電阻的大小

因為電阻代表電子流動的難度，所以電阻會在遇到以下情況時變大。

①不同種類物質的原子組成不一樣。在**原子密集的物質**中，電子更容易被原子阻礙，難以流動。

②當**物質的溫度變高**，物質中的原子振動會跟著變大，妨礙電子的移動。

③當**電路的長度變長**，電子通過的距離也變長，電子會更容易被原子阻礙。

④當**電路的截面積變小**，電子的通道也縮小，電子會更難流動。

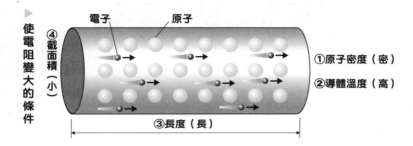

▶ 使電阻變大的條件

④截面積（小）

電子　原子

①原子密度（密）

②導體溫度（高）

③長度（長）

歐姆定律

　　所謂的**歐姆定律**，是用來表示電流、電壓和電阻三者關係的數學公式。具體來說就是「通過電路的電流大小和電壓成正比，與電阻成反比」。這個關係是德國物理學家「歐姆」發現的，所以叫做歐姆定律。歐姆定律寫成數學式後，如下所示。

$$電流[A] = \frac{電壓[V]}{電阻[\Omega]}$$

而這個等式移項變形後，又能導出下面2條式子。

$$電阻[\Omega] = \frac{電壓[V]}{電流[A]}$$

$$電壓[V] = 電流[A] \times 電阻[\Omega]$$

　　換句話說，只要知道電壓、電流、電阻的其中兩者，就能算出剩下那一個的大小。

2

讓電力得以被充分運用的電路

49

2種連接法 「串聯」和「並聯」

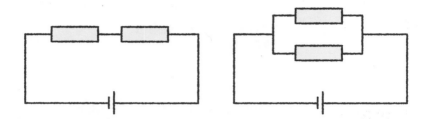

連接方式

組成電路的零件連接方式，分成將2個零件直列連接的**串聯**，以及將2個零件並列連接的**並聯**。

串聯

第51頁上圖是2個電阻**串聯**的電路。因為電流會連續流過 R_1 和 R_2 這2個電阻，所以合起來的電阻值即6Ω加4Ω等於10Ω。同時因為電路只有一條，所以任何一點上的電流大小相同，可以用歐姆定律求出。

$$電流[A] = \frac{電壓[V]}{電阻[\Omega]} = \frac{12}{10} = 1.2\,[A]$$

另一方面，這2個電阻上的電壓按照歐姆定律分別如下。

$$R_1的電壓[V] = 電流[A] \times 電阻[\Omega]$$
$$= 1.2 \times 6 = 7.2\,[V]$$

$$R_2的電壓[V] = 電流[A] \times 電阻[\Omega]$$
$$= 1.2 \times 4 = 4.8\,[V]$$

由此可知，在串聯電路上通過每個電阻的電流大小相同，但電壓會隨著電阻增加而變大。

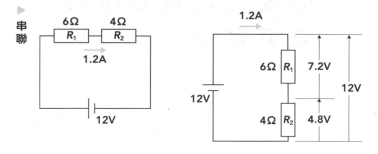

串聯

並聯

下圖是將2個電阻**並聯**的電路。因為R_1和R_2這2個電阻上的電壓相同，所以通過這2個電阻的電流按歐姆定律計算如下。

$$R_1的電流[A] = \frac{電壓[V]}{電阻[\Omega]} = \frac{12}{6} = 2[A]$$

$$R_2的電流[A] = \frac{電壓[V]}{電阻[\Omega]} = \frac{12}{4} = 3[A]$$

由此可知，並聯電路上各個電阻的電壓相同，但電流大小會隨著電阻減少而變大。

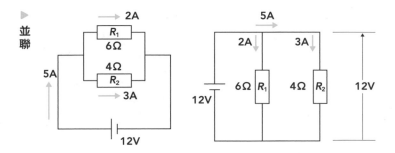

並聯

24 愛迪生和特斯拉的電流戰爭

愛迪生　　VS　　特斯拉

直流電與交流電

電的流動方式如下圖所示，分為來自乾電池等電源的**直流電**，以及來自家用插座等電源的**交流電**2種。

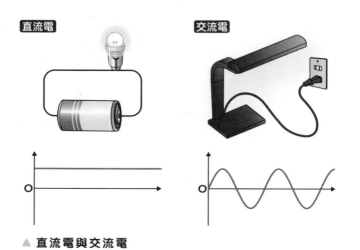

直流電　　　　　交流電

▲ 直流電與交流電

直流電是電流、電壓大小和流動方向都**不變化**的電。例如燈泡連上電池發亮時，通過燈泡的電是直流電，在電路上永遠朝相同的方向流動，不會改變。因此，手電筒等使用電池的電器產品，在安裝時必須注意電池的方向。

　　另一方面，交流電的電流、電壓大小和**流動方向會發生週期性變化**。舉例來說，一般家用的電力全都屬於交流電。家電產品的插頭不論從哪個方向插入插座都能夠正常使用，因為它們都是使用交流電。

電流戰爭

　　1880年代後半，美國曾爆發一場用直流電還是交流電輸電的商業競爭。這場競爭被稱為**電流戰爭**。電流戰爭的主角是**愛迪生**和**特斯拉**這2位發明家。由愛迪生發明的直流電，當時正逐漸成為美國的標準輸電方式，因為直流電很適合用於馬達和白熾燈泡。但就在這時，特斯拉想出了基於交流電的發電和輸電系統。

　　這兩大陣營都為了取得勝利而進行很多政治宣傳，一點也不像發明家該做的工作。1893年舉行的芝加哥世界博覽會採用了交流電，這場大戰才終於分出了勝負。

直流電的復活

　　此後很長一段時間，交流電成為電力系統的主流，但近年直流電又漸漸受到某些系統採用。這是因為太陽能發電和燃料電池等分散式電源輸出的都是直流電，同時LED、鋰電池、電腦等只使用直流電的機器也愈來愈多。

　　在電流戰爭中敗給交流電約130年後，直流電似乎又將再次捲土重來。

25 電壓會改變的 「交流電」有多大？

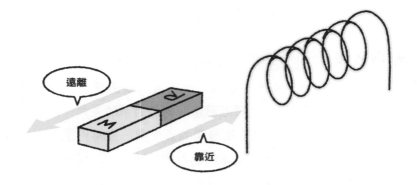

遠離

靠近

瞬間值

直流電是電壓、電流大小與流動方向都不變的電。因此，其大小可以直接用100V或8A等具體數值來表示。

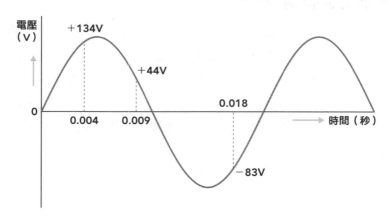

電壓（V）

+134V

+44V

0.018

0

0.004　0.009　　　　　　　　　時間（秒）

−83V

▲ 交流電壓

然而，交流電的數值會隨著時間改變，不一定保持在100V或是8A等固定值。以第54頁下圖的交流電壓波形為例，在0.004秒時是＋134V，到了0.009秒時變成＋44V，然後0.018秒時又變成了－83V。上述這種不斷變化的值叫做**瞬間值**，而瞬間值顯然不適合用來描述交流電的大小。

平均值

　　那麼，能不能用**平均值**來描述呢？從第54頁下圖可以看出，交流電壓波形變化的正負幅度是相同的，所以平均起來會變成0。因此，平均值也不適合用於描述交流電的大小。

有效值

　　如同下圖所示，分別對相同大小的電阻施以直流電壓和交流電壓。此時消耗電力與直流電相同的交流電大小可以用直流電的值來等效表示，這就叫做交流電的**有效值**。若使用有效值來描述，就能用和直流電相同的方式計算交流電的大小，所以現在一般使用有效值來描述交流電的大小。

　　例如家用插座的電壓是110V的交流電。這便是一個有效值，意思是消耗電力等於110V直流電的交流電壓。另外，有效值110V的交流電壓，其瞬間值會是一個最大值為±155V的正弦波。

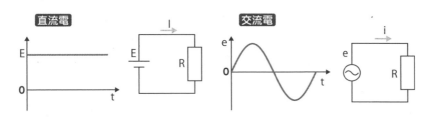

▲ 有效值

會阻礙電流的作用
統稱為「阻抗」

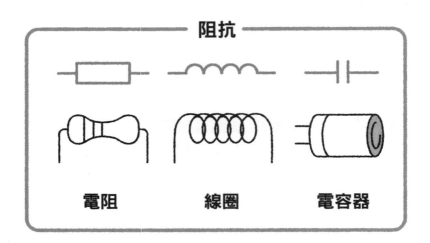

妨礙電流的東西

根據歐姆定律的推導，我們知道電阻愈大則電流愈難流動。換句話說，**電阻具有妨礙電流動的作用**。而歐姆定律不只適用於直流電路，也適用於交流電路。然而在交流電路上，除了電阻之外，線圈和電容器也有阻礙電流流動的作用。

這是因為交流電路上的電壓和電流大小隨時都在變化。而線圈和電容器具有「討厭變化」的性質，所以會妨礙電流。線圈阻礙電流的性質叫做**電感式電抗**，而電容器阻礙電流的性質則叫做**電容式電抗**。電阻和電抗又合稱為阻抗。它們的單位全都和電阻一樣是 Ω（歐姆）。

不過，電抗並非固定不變，而是會隨著頻率變化。

電感式電抗

　　如下圖所示，**電感式電抗與頻率成正比**。頻率愈大，電抗也愈大，結果就導致電流更難流動。

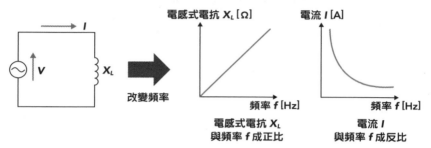

▲ 電感式電抗

電容式電抗

　　如下圖所示，**電容式電抗與頻率成反比**。頻率愈大，電抗就愈小，結果讓電流更容易流動。

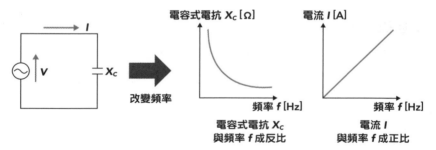

▲ 電容式電抗

27 交流電路的「相位差」是什麼？

正確時間

落後　超前

不管經過多久，直流電路的電壓和電流都固定不變。交流電路的電壓和電流則會發生週期性變化，所以在計算時就需要考慮相位。**相位**是波形在時間上的「偏差」指標。所謂時間上的偏差，也就是下圖兩波在橫向（時間軸方向）上的落差。

首先請看這張圖的電壓波形和電流波形。電流波形比電壓波形更往右偏一點。這個偏差可以描述成是波形的相位存在差異。而這個相位的差異（時間上的偏差）就叫做**相位差**。

相位差一般是用角度表

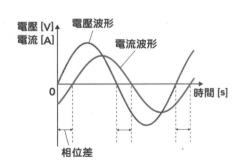

電壓 [V]　電流 [A]

電壓波形

電流波形

0

時間 [s]

相位差

▲ 相位差

示。單位也和角度的單位一樣是[度]（單位）。另外，相位依照波形的偏差情況又分成3種，即**同相位**、**落後相位**、**超前相位**。

同相位

同相位又簡稱為**同相**。即如右上圖所示，電壓波形與電流波形沒有時間差，波峰和波谷同時發生。例如**電阻的相位就是同相**。

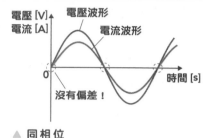

▲ 同相位

落後相位

落後相位如右中圖所示，以電壓波形為基準，電流波形往右偏的相位。例如**線圈（電感式電抗）就是電壓落後電流90度的相位**。

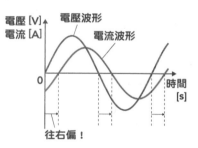

▲ 落後相位

超前相位

超前相位則如同右下圖所示，以電壓波形為基準，電流波形往左偏的相位。例如**電容器（電容式電抗）就是電壓超前電流90度的相位**。

在實際電路中，這個角度會隨著電阻、線圈、電容器的大小而改變。

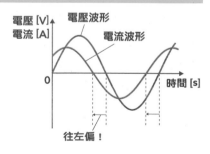

▲ 超前相位

插座有左右之分!?

大多數電器只要把插頭插入住家牆壁或是地板上的插座就能使用。利用延長線從隔壁房間的插座把電牽過來也同樣能用。辦公室內的員工可以在同一個空間內一起使用電腦工作,也是多虧了室內插座。

但是如果仔細觀察插座,就會發現它如下圖所示,左右2個孔的大小不一樣大。右邊的孔比左邊的孔更短一點。其實,日本規定100V的家用插座,左孔一律是9mm,右孔一律是7mm。

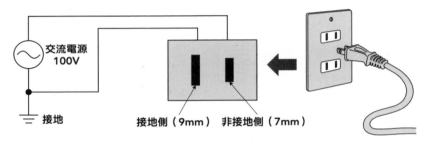

▲ 家用插座

左右孔之所以大小有別,其實是**用來區分接地側和非接地側**。從電線桿接入住家的電線是2條一組的,其中一條是接地線。正是因為如此,如果把手指插進大孔(接地側)是不會觸電的。然而,插進小孔(非接地側)的話就會觸電。

不過,由於有時候會不小心發生接錯線的情況,因此無論大孔還是小孔都請千萬不要亂碰。另外,所謂的接地是指將電器的外殼等金屬部分或是電路的一部分,透過導體和金屬棒與地面聯通的意思。接地具有重要的功能,可以防止觸電意外或火災的發生。

3

認識如何把電應用在我們的生活中！
電的作用

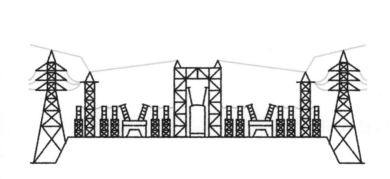

28 用空氣燒開水

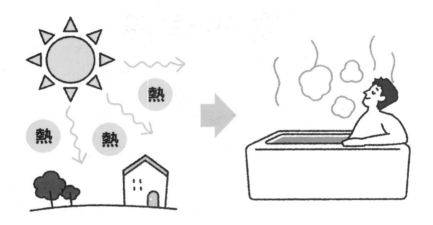

熱是什麼？

所有物質皆由**原子**或**分子**（原子的結合物）組成。儘管原子和分子乍看之下是靜止不動的，但放大觀察後就會發現它們其實像第63頁上圖所示，**一直在進行不規律運動（振動）**，而這股能量會使溫度上升或下降。這種運動叫做**熱運動**，也是熱的真面目。

換句話說，當原子或分子的熱運動變劇烈時，物體的熱量（熱能）就會增加，令溫度上升。相反地，當熱運動減弱時熱量就會變低，令溫度下降。而**當熱運動完全停止時熱量會變成零**，溫度無法繼續下降。因此，宇宙中不存在比這更低的溫度，這種狀態被稱為**絕對零度**，即**攝氏−273.15℃**。

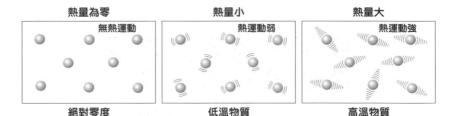

熱量為零	熱量小	熱量大
無熱運動	熱運動弱	熱運動強
絕對零度	低溫物質	高溫物質

▲ 物質的溫度

從物質中取出熱

　　如上所述，只要物質不是絕對零度，就一定具有熱量，所以人類發明了各種可以從物質中提取熱的機器。例如從空氣中取出熱量把水燒開的機器。**使用溫度比開水更低的空氣熱量來燒水**，這件事聽起來非常不可思議，但只要運用**熱泵**技術就有可能辦到。

　　所謂的熱泵就是能像幫浦把水從低處送到高處一樣，可以收集空氣中的熱，讓其移動到指定場所的技術。除了空氣中的熱之外，有的熱泵也能利用水或地底下的熱。

　　熱泵產生的熱被應用於冷藏、冷凍、空調、熱水器、加熱等各種用途，例如下圖中的各種家用機器。

冷氣	熱水器	冰箱	洗衣烘衣機

▲ 熱泵機

29 靠電子加速和碰撞發熱的家電產品

焦耳熱

如 下圖所示，在導體的兩端接上電池、施加電壓，電流就會流過導體。

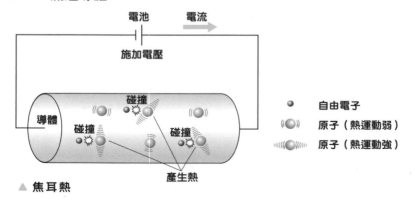

電池　　電流

施加電壓

導體　　　碰撞

碰撞　　碰撞

產生熱

● 自由電子

⦅●⦆ 原子（熱運動弱）

⦅●⦆ 原子（熱運動強）

▲ 焦耳熱

此時，導體內的**自由電子**會被電池的正極吸引而**加速**。在導體內加速的自由電子會**撞上**其他原子，使原子猛烈**振動**。撞上原子的自由電子會減速，但馬上又被電池的正極吸引而加速。緊接著再度撞上另一個原子，就這樣不斷循環。換句話說，自由電子前進的同時會讓原子發生振動。而原子發生振動就代表熱運動變強，等於**產生了熱，使溫度上升**。由此可知，電流通過導體時會產生熱。而這股熱其實就是電子撞到原子後失去的能量（把能量傳給原子），俗稱**焦耳熱**。

焦耳定律

如下圖所示，將電阻 $R[\Omega]$ 的導體接上電壓 $V[V]$ 的電源，使大小 $I[A]$ 的電流通過導體 $t[s]$ 秒鐘時產生的**焦耳熱 Q[J]** 為 $Q = VIt[J]$。熱（能量）的單位以前習慣用 cal（卡路里），但現在統一使用國際單位 **J**（焦耳）。

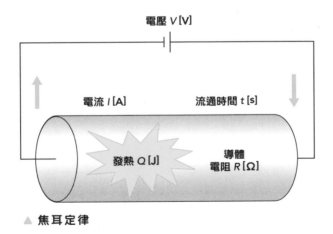

電壓 $V[V]$

電流 $I[A]$ 流通時間 $t[s]$

發熱 $Q[J]$

導體
電阻 $R[\Omega]$

▲ 焦耳定律

此外，如果套用歐姆定律（$V=RI$），還能導出另外 2 個可計算焦耳熱的新公式。

$$Q = VIt = RI^2t = \frac{V^2}{R}\,t\,[J]$$

這2個公式所表達的關係就叫做**焦耳定律**。

電阻加熱

利用焦耳熱的加熱方法叫做**電阻加熱**。由於電阻加熱的構造和操作方法十分簡單，因此被用在很多電熱機器上，例如下圖列出的家電。

用焦耳熱 煮開水	用焦耳熱 烤吐司	用焦耳熱 加熱空氣	用焦耳熱 噴出熱風
快煮壺	烤吐司機	電暖爐	吹風機

▲ 電阻加熱

電熱機器

利用焦耳熱加熱的機器如下圖所示，由**發熱零件**、**溫控零件**，以及**安全裝置**組成。

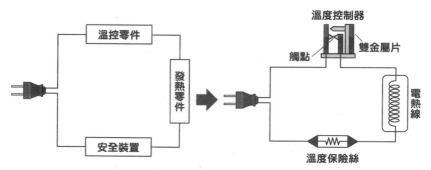

▲ 電熱機器的組成

發熱零件的電熱線，一般是使用鎳鉻合金線或鐵鉻合金線等易加工且耐高溫的合金材料。而快煮壺或電子鍋等需要加水或可在水中使用的機器，則是使用**電熱管**。電熱管如下圖所示，是一種在金屬管內封入**線圈狀電熱線**和**絕緣的氧化鎂粉末**的物體。

　　因為電熱管可以彎折成任意形狀，所以很少使用直管，幾乎都是配合電熱機器彎折成最適合的形狀後，再製成產品。

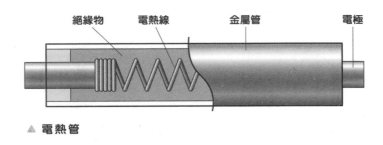

絕緣物　　電熱線　　　　金屬管　　　　電極

▲ 電熱管

　　溫控零件則使用可依照溫度自動切斷或是連通觸點的**溫度控制器**。溫度控制器一般是利用雙金屬片（會隨溫度上升而彎曲的金屬片）或熱敏電阻（使用半導體製成的電阻）來檢測溫度變化。

　　至於安全裝置，一般是使用**溫度保險絲**。溫度保險絲是一種會在機器過熱時（到達規定溫度時）自動熔斷，切斷電路的裝置。

　　另外，電暖爐的本體底部還裝有可在傾倒時自動斷路的**限位開關**（根據機械的移動來開關內部觸點的電器零件）。

　　除此之外，有些快煮壺會使用**磁吸式插頭**，讓電線可以輕易脫離本體。這是為了防止腳被電線絆到打翻快煮壺，導致熱水灑出來燙傷人。

30 電流與光的關係

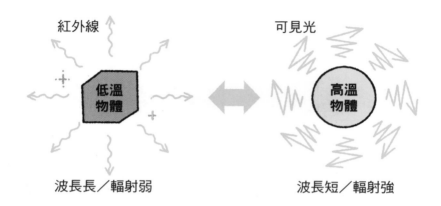

紅外線　　　　　　　　　　　可見光

低溫物體　　　↔　　　高溫物體

波長長／輻射弱　　　　　　　波長短／輻射強

熱與光

流通過電熱線時，電熱線除了會發熱，還會變成**暗紅色**。而加大電流後電熱線會愈變愈亮，顏色也從紅色變為黃色。然後繼續增加電流，最終整條電熱線都會發出白色的光。這種發光現象背後當然有其原因。

　　這種發光現象是來自電子的振動。帶有電荷的電子在振動時會發出電磁波，而物質內的電子在受熱時會振動，所以也會產生**電磁波**。當通過電熱線的電流小，電熱線的溫度低，電磁波也比較弱。事實上，世界上所有的物質都會發出與自身溫度相應的電磁波。這種因為熱而產生的電磁波就叫做**熱輻射**。

熱輻射

　　如第69頁上圖所示，熱輻射在500℃（773.15K）左右時波長屬

於紅外線，用肉眼是看不到的。但隨著物體的溫度增加，電磁波的波長變短，輻射的強度會增強。然後漸漸變化成可見光（波長0.4～0.8μm）。

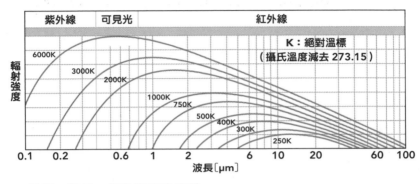

▲ 溫度、波長、輻射強度的關係

白熾燈泡

　　白熾燈泡就是利用熱輻射發光。它的構造十分簡單，如下圖所示，是由**燈絲**、**玻璃罩**、**燈頭**等零件組成。

　　當電流通過白熾燈泡時，燈絲（鎢金屬製的線圈）的溫度會上升到大約2000～3000℃的高溫，進入**白熾狀態**而發光。

　　白熾燈泡並非直接將電能轉變為光，而是先利用電能**使原子振動轉變成熱**，再**透過熱來產生光**。因此，白熾燈泡的能量轉換效率很差，只有10%左右。剩下的能量都變成了廢熱，所以燈泡在發光時非常燙。

▲ 白熾燈泡的構造

31 磁鐵中存在很多小磁鐵

迷你磁鐵

棒型磁鐵只有N極和S極這兩端可以吸起迴紋針。因此，很多人以為棒型磁鐵除了兩端之外都沒有磁力。但是從下圖可以看出，把棒型磁鐵折成兩段，這兩段磁鐵的兩端又會出現新的磁極，變得能夠吸起迴紋針。

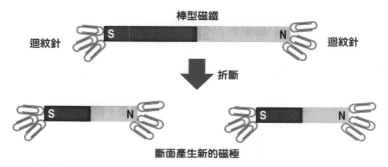

棒型磁鐵

迴紋針　　　　　　　　　　　　　　　　　　迴紋針

折斷

斷面產生新的磁極

▲ 磁鐵的分割

這是因為棒型磁鐵是由很多的**小磁鐵（迷你磁鐵）**構成的。如下圖所示，磁鐵的內部整齊排列著無數的迷你磁鐵，整體形成一個大磁鐵。然而，相鄰的N極和S極的磁力會**互相抵銷**，因此磁極不會外顯。另一方面，**最兩端磁極的磁力不會互相抵銷**，所以棒型磁鐵只有兩端會出現磁極。

相鄰的磁極，磁力會互相抵銷

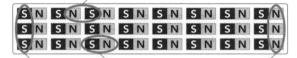

不會被抵銷　　　　迷你磁鐵　　　　不會被抵銷

▲ 磁鐵的結構

而這個迷你磁鐵的最小單位便是原子。原子是由原子核及其周圍的電子組成，而**電子的運動便是磁力的來源**。

釹磁鐵

磁鐵分為只在電流通過時擁有磁力的**電磁鐵**，以及一旦給予磁場後就會永遠保持磁力的**永久磁鐵**。

永久磁鐵中磁力最強的，是由日本人發現的**釹磁鐵**。即便是直徑只有1cm的小磁鐵，**光靠普通人的力量也無法將2個相吸的釹磁鐵拉開**。釹磁鐵一般是指以釹（稀土元素）、鐵、硼為主要原料製造的磁鐵。

由於釹磁鐵可以產生強大的磁力，因而被廣泛應用在手機、汽車、精密工業機器、各種機器人、醫療機器等各種用途，而在追求小型化、高性能化的領域，其應用範圍更是快速擴張。

32 用電產生磁力的「電磁鐵」

電磁鐵的原理

原 子之所以具有磁力，是因為有電子在原子核的周圍繞轉，而**電磁鐵**的原理也一樣。如下圖(b)所示，當電流（電子的移動）通過線圈時，線圈也跟永久磁鐵一樣，**兩端會形成S極和N極**。

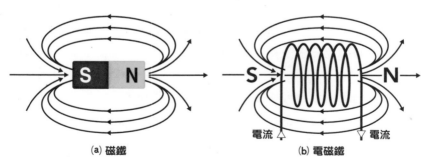

(a) 磁鐵　　　　　　　　　(b) 電磁鐵

▲ 磁鐵與電磁鐵

另外，電磁鐵的強度**與電流大小和線圈圈數成正比**。因此要產生強大的磁力，不是增加電流，就是增加纏繞的線圈數。

鐵芯

電磁鐵除了線圈之外，線圈的內部還會有一個**鐵芯**。這是因為放入鐵芯，可以使磁力更強。

鐵芯內的磁鐵的最小單位「原子」，在正常情況下會如下圖(a)所示，各自朝向不同的方向。因此，鐵芯整體的磁力會互相抵銷，無法形成永久磁鐵。

然而，當線圈通電產生磁力之後，鐵芯內的原子磁鐵便會如下圖(b)所示，**一齊轉向線圈磁力的作用方向**，使整個鐵芯變成一個大磁鐵。

換句話說，電磁鐵的磁力等於線圈（電流）的磁力加上鐵芯的磁力，因此磁力會比單只有線圈的磁力強上好幾百倍。

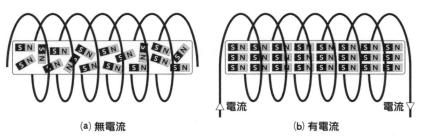

(a) 無電流　　　　　　　　　(b) 有電流

▲ 放入鐵芯的電磁鐵

電磁鐵的特徵

電磁鐵是依靠電流通過產生磁力，除此之外，當電流的方向倒轉時，它的極性也會跟著改變。電磁鐵的這項特徵也被應用在馬達等許多生活中的電器上。

33 利用電磁鐵 發出聲音的揚聲器

線圈的振動

如 下圖所示，線圈通電後會變成電磁鐵，在線圈兩端產生S極和N極。而改變電流方向，S極和N極也會反過來。

因此，在這個線圈旁邊放一個永久磁鐵，線圈便會依電流的方向產生**吸引力**和**排斥力**。

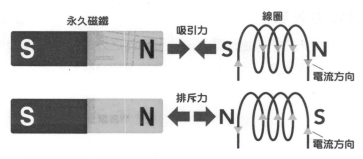

▲ 線圈上的作用力

揚聲器的原理

在下（中央）圖中，當由聲音訊號轉換成的電流通過線圈時，線圈會變成**電磁鐵**，並形成與電子訊號相同的磁極（S極和N極）。因此，線圈和磁鐵之間的作用力也會隨著電子訊號產生變化，使線圈振動。

由於線圈與振膜是一組的，因此當線圈振動時，振膜也會跟著振動，繼而**振動空氣**來發出聲音。這便是揚聲器的原理。

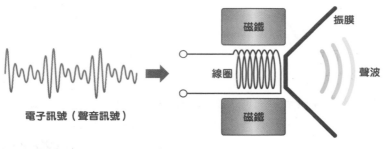

電子訊號（聲音訊號）

▲ 揚聲器的原理

揚聲器的構造

以下介紹揚聲器的其中一種構造。在下圖的揚聲器中，磁鐵是固定的，而**線圈可以上下移動**，所以稱為**動圈式**。現在市面上的揚聲器大多都屬於動圈式。

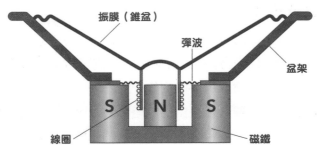

▲ 揚聲器的構造

34 為什麼MRI能用強力磁鐵掃描人體內部？

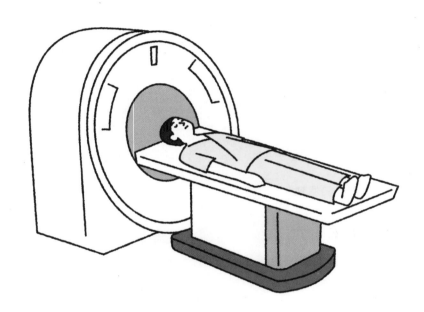

MRI是什麼？

MRI是Magnetic Resonance Imaging的縮寫，即磁振造影。這種技術不需要使用放射線，也不會造成疼痛，透過掃描人體就能拍出內臟和血管的影像。

MRI裝置的筒型艙主要是由磁鐵組成。但太弱的磁力無法使人體內的成分產生反應，所以需要使用強力的磁鐵。因此，MRI主要是使用永久磁鐵（釹磁鐵）或電磁鐵（超導磁鐵），其中最常用的是**超導磁鐵**。

超導磁鐵

所謂的**超導**，指的是某些物質的溫度降到特定溫度以下時，電阻突然變成零的現象。當電流通過這個狀態的線圈（超導線圈）時，因為電阻是零，所以電流會半永久地在線圈中持續流動，產生強大的磁場。日本興建中的磁浮中央新幹線的列車也搭載了超導磁鐵。

氫

如下圖所示，氫原子的原子核本身就像一個微小的磁鐵。在通常狀態下，氫原子核的磁鐵會各自朝向不同方向。

而MRI掃描的，正是**氫原子核的磁性**。至於為什麼是氫原子，這是因為人體重量的60%左右都是水，而水含有氫原子，這意味著人體內到處都有氫原子，而且數量很豐富。

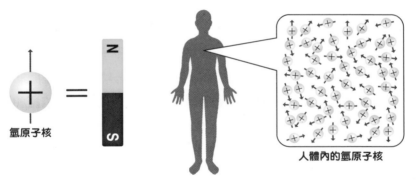

氫原子核

人體內的氫原子核

▲ 氫原子核

MRI的原理

當人體進入MRI的強力磁鐵後，便會如第78頁的圖所示，人體內的氫原子核會在磁力的作用下整齊排列。其原理就和指南針在地球磁場的作用下，會永遠指向北方一樣。

在此狀態下，用特定頻率的電波照射人體，人體內的氫原子核就會違背磁力方向，一邊進行運動一邊改變方向。這就叫做**磁共振現象**。

當停止用電波照射人體後，氫原子核又會再度轉回外部磁場的方向。此時，氫原子核的磁場變化會產生微弱的電波，而這個電波可以被放在人體附近的天線檢測出來。然後電腦就能根據從人體內檢測到的電波訊號強度和位置，繪製出訊號的分布圖。

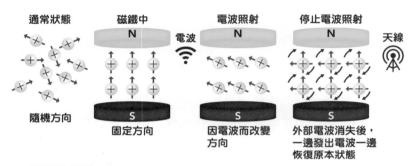

▲ MRI的原理

　　人體內的氫原子主要是以和氧結合成的水，以及和氧與碳結合成的脂肪存在。因此和不同的元素結合時，氫原子發出電波訊號的速度也會有所有差異。可以透過這個**時間差**來分辨是水還是脂肪。

　　透過上述方法，MRI裝置便能得知人體內的氫原子的**位置**和**狀態**。然後依照氫原子發出的訊號強弱，以白到黑等不同濃淡，將人體內的情況繪製成圖，讓醫療人員檢查有無異常。

　　此外，因為MRI內部裝有強力磁鐵，所以接受檢查時，身上不能穿戴會受磁力影響的金屬物品。另外像是手錶、助聽器、時鐘、手機等電子機器，也會因為磁力影響而故障。

電阻突然變成零的「超導」

所謂的超導，指的是將某些物質降溫到非常低的溫度時，電阻突然變成零的現象。MRI所用的超導磁鐵是一種叫做鈮鈦合金（Nb-Ti）的物質。另外，「超導」有時也叫做「超電導」。

超導狀態如下圖所示，會在超導物質的溫度降到遠低於室溫的臨界溫度Tc時出現，此時該物質的電阻會突然變成零。然而，並非所有金屬都存在超導性質。例如銅之類的金屬就並未觀測到超導現象。

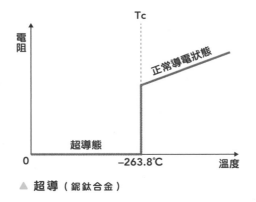

▲ 超導（鈮鈦合金）

要讓鈮鈦合金進入超導態，必須使其維持在－263.8℃以下的低溫。因此，一般是使用沸點為－269℃的液態氦來冷卻。假如在此過程中，超導態因為某種原因而消失，物質就會出現電阻而產生大量的熱能。這種現象稱為**失超（quench）**。由於失超會導致液態氦汽化，體積會瞬間膨脹大約700倍，因此必須十分注意安全。

為了避免MRI裝置的超導磁鐵因**失超現象**而損壞，MRI都裝有可將氦氣安全排到室外的設備。另外，氦氣本身是無害的。

3

認識如何把電應用在我們的生活中！電的作用

35 線圈的「抗拒改變」性質和電

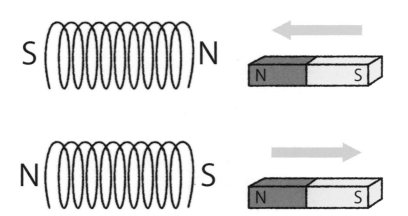

電磁感應

將 線圈和燈泡連接成如下圖所示的回路。然後拿一個磁鐵快速靠近或遠離線圈，燈泡便會短暫發亮。這是因為當磁鐵靠近或遠離線圈時，線圈上會產生電壓，使電流通過回路。這種現

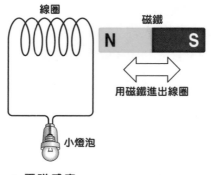

▲ 電磁感應

象叫做**電磁感應**。此時所產生的電壓叫做**感應電動勢**，電流叫做**感應電流**。

電磁感應源自線圈內的磁通量變化。因此，單純在線圈內放一塊磁鐵並不會發生電磁感應。必須要**移動磁鐵**才行。

電流方向

感應電流的方向如下圖所示。在磁鐵靠近和遠離時，感應電流的方向是相反的。這是因為感應電流傾向於阻礙磁通量改變。

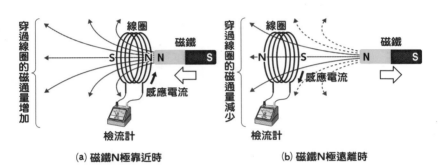

(a) 磁鐵N極靠近時　　　　　(b) 磁鐵N極遠離時

▲ 感應電流的方向

舉例來說，在上圖(a)中，當磁鐵N極靠近時，穿過線圈的**磁通量**會增加。而要抵銷增加的量，線圈就必須變成一個右側是N極、左側是S極的電磁鐵。因此，感應電流會按照上圖(a)的方向流動。此時，線圈和磁鐵會互相排斥。

另一方面，如上圖(b)所示，當磁鐵N極遠離時，穿過線圈的磁通量會減少。因此，感應電流會試圖補回減少的份，使線圈變成一個右側是S極、左側是N極的電磁鐵，讓線圈和磁鐵互相吸引。此時，感應電流會朝與上圖(a)相反的方向流動。

36 如何讓線圈產生的電壓增強？

法拉第定律

電　磁感應所產生的感應電動勢大小，與穿過線圈的磁通量變化大小成正比。此一關係叫做**法拉第定律**。

例如像第83頁上圖一樣，拿一個磁鐵靠近線圈。起初，磁鐵穿過線圈的磁通量是 Φ[Wb]，然後在 Δt[s]的時間內拿磁鐵靠近線圈，磁通量則增加成 $\Phi + \Delta\Phi$[Wb]。

此時，磁通量在 Δt[s]時間內的變化量是 $\Delta\Phi$[Wb]。因此，線圈產生的感應電動勢大小會與磁通量的變化量 $\Delta\Phi$[Wb]成正比，與變化時間 Δt[s]成反比。

換句話說，當變化時間相同時，線圈產生的感應電動勢會**與磁通量大小（磁鐵強度）成正比**。而當磁通量大小（磁鐵強度）相同時，感應電動勢則會**與變化時間成反比**。

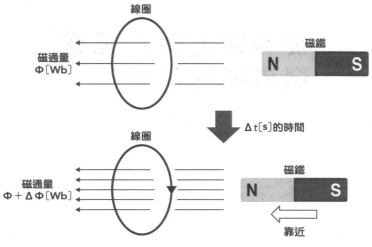

▲ 法拉第定律

感 應 電 動 勢

上圖是線圈只有纏繞一圈時的情況，當線圈如下圖所示纏繞N圈時，就相當於將N個一圈的線圈串聯在一起，所以線圈產生的感應電動勢也等於一圈線圈的N倍。

因此，想要增加感應電動勢的話，就必須「**增加線圈圈數**」、「**使用強力磁鐵**」、「**快速移動磁鐵**」。

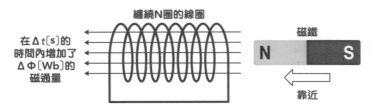

▲ 纏繞 N 圈 的 線 圈

37 從線圈和磁鐵認識發電機的原理

停電用發電機

發電的原理

在 線圈附近移動磁鐵，讓磁場發生改變，線圈上便會產生電壓（電磁感應），繼而產生**感應電流**。如右下圖所示，在線圈旁邊轉動磁鐵，便可產生電流供電器使用。即使調換線圈和磁鐵的位置，改為轉動線圈，也會和轉動磁鐵時一樣發生電磁感應並產生感應電流，發出電力點亮燈泡。而感應電流的強度會依磁鐵的轉速和磁力，以及線圈的圈數產生變化。

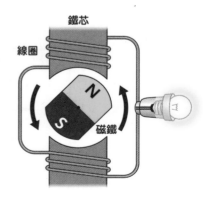

鐵芯

線圈

N

S

磁鐵

▲ 發電的原理

交流發電機

交流發電機的構造如下（中央）圖(a)所示。當磁鐵轉動時，從纏繞在鐵芯上的線圈（捲線）延伸出的電線會產生電壓。此時產生的電壓會根據轉動的磁鐵的N極和S極的位置而變化。

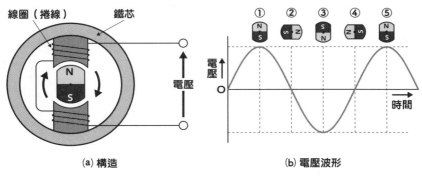

(a) 構造　　　　　　　　　　(b) 電壓波形

▲ 交流發電機

舉例來說，因為當磁鐵直立時，穿過線圈的磁通量最大，所以此時的電壓也最大。不過，即使同樣都是直立狀態，當N極和S極的位置調換時，電壓的方向也會相反。另一方面，當磁鐵水平擺放時，由於沒有任何磁通量穿過線圈，因此電壓會變成零。磁鐵位置和電壓的關係如上圖(b)所示。由圖可知，這個電壓波形會是一個正弦波（交流電）。

三相交流發電機

上圖是單相交流發電機的構造圖，但發電廠實際使用的是**三相交流發電機**。三相交流電就如右圖所示，是由3個相同電壓的單相交流電所組成。

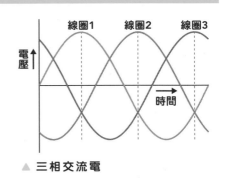

▲ 三相交流電

38 把電的電壓轉換成適合居家使用的變壓器

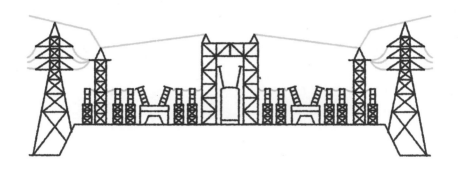

變壓器的構造

發 電廠所產生的電是**高壓電**，無法直接供住宅和商業大樓使用。因此，在輸出時必須改變電壓。而實現這點的工具就是**變壓器**。

變壓器如下圖所示，是由**鐵芯**（由鐵板疊成的物體）和2組纏繞在鐵芯上的**電線**（線圈）組成。其中連接電源的線圈叫做**初級線圈**，連接負載（電器）的線圈叫做**次級線圈**。初級線圈和次級線圈的圈數不同，並可藉由圈數差異來轉換電壓。

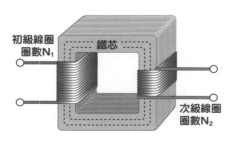

初級線圈
圈數N₁

鐵芯

次級線圈
圈數N₂

▲ 變壓器的構造

變壓器的原理

對一邊的線圈（初級線圈）施加電壓時，如下圖(a)所示，通過線圈中心的鐵芯內會產生**磁通量**。如果此一電壓是直流電，那麼鐵芯只會變成一個普通的電磁鐵；但如果是交流電，電壓就會變成**正弦波狀**，使磁通量也跟下圖(b)一樣發生正弦波狀的變化。順帶一提，正弦波指的是會週期性變化的波，波峰的高度或波谷的深度稱為**振幅**，一個波的長度叫做**波長**，一秒鐘內產生的波數叫做**頻率**。

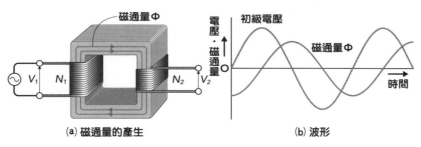

▲ 電壓與磁通量

因為初級線圈和次級線圈共用一個鐵芯，所以產生的磁通量也會穿過次級線圈。換句話說，初級線圈和次級線圈會被同一個呈正弦波狀變化的磁通量貫穿。而根據法拉第定律，感應電動勢的大小與穿過線圈的磁通量變化大小成正比。

既然穿過初級線圈和次級線圈的磁通量相同，那麼線圈上每一圈電線產生的感應電動勢也相同。

不過，因為感應電動勢與線圈圈數成正比，所以**只要改變初級線圈和次級線圈的圈數，就能以相同的比例轉換電壓**。這便是變壓器的原理。

39 電動機能夠 平順轉動的原理

弗萊明左手定則

電子等帶電粒子在磁場中運動時，粒子會受到來自磁場的作用力（**電磁力**）。由於電流就是電子的流動，因此**通電的電線也同樣會受到來自磁場的力**。

此時電流、磁場、作用力的方向，剛好等於我們伸出左手的拇

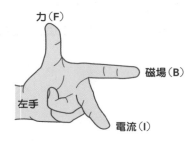

力（F）

磁場（B）

左手

電流（I）

▲ 弗萊明左手定則

指、食指、中指互相垂直時的指向，如同第88頁的下圖所示。換句話說，拇指可以代表作用力方向，食指代表磁場方向，中指代表電流方向。

這是由英國物理學家弗萊明（Alexander Fleming）所發現，因此俗稱**弗萊明左手定則**。

電動機的原理

利用磁場和電流會產生電磁力的性質，可以把電力轉換成**電動機**的旋轉運動。

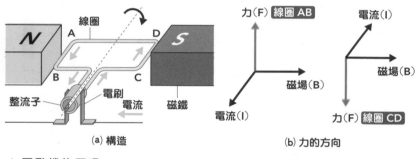

(a) 構造　　　　　　　　　　　(b) 力的方向

▲ 電動機的原理

在上圖(a)中，因為磁場方向（食指）朝右，根據弗萊明左手定則，線圈AB會受到朝上的力，而線圈CD會受到朝下的力。因此，線圈ABCD會順著軸心以順時針方向轉動。

當線圈轉過半圈時，線圈AB會移動到右邊，線圈CD則移動到左邊。此時，**電刷和整流子會使線圈上的電流方向逆轉**，所以這次線圈AB會受到朝下的力，線圈CD會受到朝向上的力，繼續往順時針方向轉動。

如果沒有電刷和整流子，線圈每轉半圈就會受到反方向的力彈回原處，不會旋轉，而是不斷來回擺盪。

實際的電動機會使用多組線圈，而且磁通量也會被設計得比較平均，藉此讓電動機可以平順地轉動。

40 利用電波分析天氣的氣象雷達

氣象雷達

電波從天線發射後，便會如下圖所示打到雨滴上，再被反射回來。而氣象雷達便是利用天線捕捉這些**反射電波，根據反射**

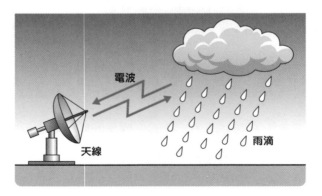

電波

天線　　　　　　　　　　雨滴

▲ 氣象雷達

的強度來計算降雨強度，並**根據電波發射後彈回的時間計算出雨雲距離**。

雷達的設置

雷達一般設置在山頂或電塔等**高處**。這是因為雷達電波在空中具有直線前進的**直進性**，當在路徑上遇到山脈或建築物時無法自己繞過去。

另外，因為地球是個球體，所以電波移動到遠處後會直線穿入高空，無法觀測到低處的雨雪。為了觀測到所有地區，在設置雷達時必須考慮電波的性質。

都卜勒氣象雷達

都卜勒氣象雷達除了具備傳統氣象雷達的功能之外，還能利用**都卜勒效應**偵測雨滴的速度。

都卜勒效應指的是，當救護車的鳴笛聲從遠方靠近時聽起來較尖銳，從近處遠離時聽起來較低沉的現象。而電波也存在相同的現象，所以當雨滴靠近雷達時，雷達站接收到的電波頻率會變高，雨滴遠離時電波頻率則會變低。因此，只要比較**雷達站發出的電波頻率和反射回來的電波頻率差**，即可算出雨滴（雨雲）的**移動速度**。

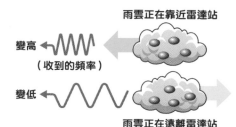

雨雲正在靠近雷達站
變高
（收到的頻率）
變低
雨雲正在遠離雷達站

（發出的頻率）

▲ 都卜勒氣象雷達

41 電波是什麼？

電與磁

如 下圖所示，電流通過線圈時會產生**磁場**，而在線圈旁邊移動磁鐵則會產生**電流**。可見電（電場）和磁（磁場）具有相生

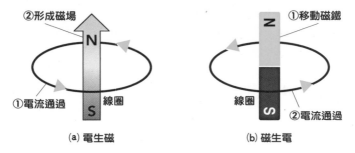

(a) 電生磁　　　　　　　　(b) 磁生電

▲ 電與磁

關係。

電波的產生

　　如下圖所示，對電線（天線）通以數千Hz以上的高頻電流時，電線的周圍會形成**磁場**。而這個磁場的周圍會產生與磁場方向相反的**電場**，然後電場的周圍又會產生與電場方向相反的磁場，一直連鎖下去。這就是**電波形成和擴散的原理**。

　　另外，我們日常使用的電流只有50Hz或60Hz，幾乎不會產生電波。這是因為低頻率的電流能量太小，電波難以傳到遠處。

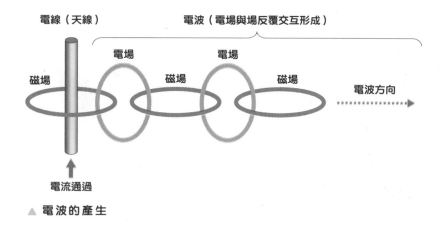

▲ 電波的產生

電波的性質

　　電波和光屬於同種類的波，所以**電波的速度與光一樣快**，每秒鐘前進30萬km。此外，電波的傳遞方式也與頻率有關。在低頻率時，由於波長較長，電波可以繞過山脈或建築物等障礙物傳遞到遠方；在高頻率時，由於波長較短，電波會被山脈或建築物反射，較難繞過障礙物，也會受雨或霧干擾而減弱。

42 天線能發送電波 也能接收電波

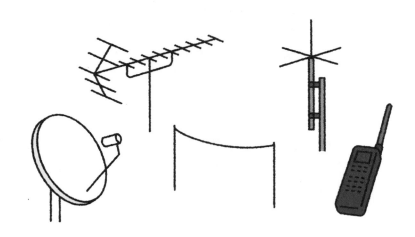

天線

天線是用來**吸收（收訊）**和**發射（發訊）**電波的裝置。在發送端，發訊機會把電能轉換成電波，以最有效的方式射向空中；而在接收端，**天線**會負責以最有效的方式接收空中的電波。好的發訊天線也會是好的收訊天線，所以一根天線通常兼具收發訊號的功能。

天線的原理

如第95頁上圖所示，當**高頻電流**通過左邊發訊端的天線時，天線周圍便會產生磁場。這個磁場會產生電場，然後電場又會產生磁場，一直連鎖下去。電波便是透過這種方式在空間中傳遞。

當電波抵達右邊的收訊天線時，由於天線周圍的磁場發生了變

化，因此天線上會產生**感應電壓**，讓天線接收到電波。由此可知，所謂的天線其實就是**架設在空中的電線（導體）**。

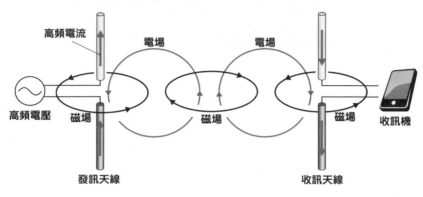

▲ 電波的傳遞

天線的長度

實際的電波會如下圖所示，一邊交互形成電場和磁場一邊傳遞下去，所以想要有效地發訊和收訊，就**必須配合電波的波長來設計天線的長度**。

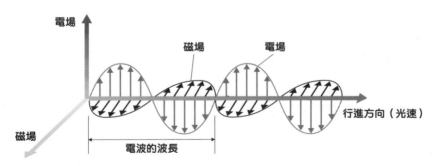

▲ 電波的波形

具體來說，天線最理想的長度是電波波長的一半。例如頻率300MHz（300×10⁶Hz）的電波波長是1m，所以會使用50cm的電線當作天線。

43 在太空中收發電波的衛星通訊

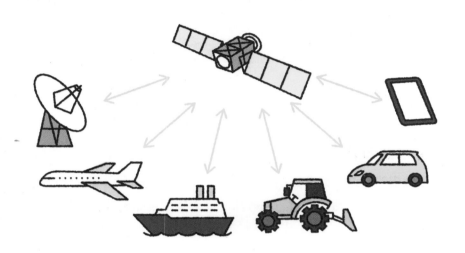

衛星通訊

衛星通訊如同下圖所示，就是利用太空中的**通訊衛星**與地面上的**無線電通訊台**進行通訊。通訊衛星會接收從地面發送

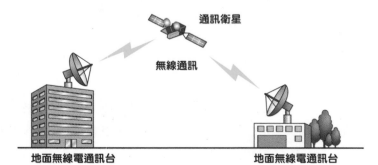

通訊衛星

無線通訊

地面無線電通訊台　　　　　　　　地面無線電通訊台

▲ 衛星通訊

的電波，然後將這個電波放大後送回地面的**通訊用中繼基地台**來進行運用。

衛星通訊可以只靠一顆衛星實現極大範圍的通訊，而且不需在地面安裝通訊線路，不易受到災難破壞，所以在全球被廣泛使用。

通訊衛星

通訊衛星的運行軌道分類如下圖所示。

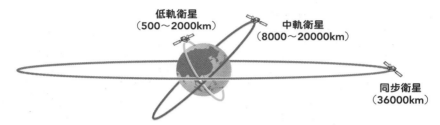

低軌衛星
（500～2000km）

中軌衛星
（8000～20000km）

同步衛星
（36000km）

▲ 衛星通訊的軌道

在同步軌道上的衛星繞行週期與地球自轉週期相同，所以從地面上看，永遠都在同一個位置上。因此，只要3～4顆衛星就幾乎能夠覆蓋**整個地球**。不過，因為同步軌道距離地表有36000km之遙，所以電波往返一次就得費時0.25秒。如果是電視節目等的單向傳播，這點時間延遲還不會構成問題，但如果是電話等雙向通訊，就會產生一些不協調。在現實中，目前通訊和電視廣播用的衛星大多都是**同步衛星**。

另一方面，在低軌道或中軌道上運行的衛星，相對於地表會不斷地移動，所以被稱為**非同步衛星**。雖然地面基地台能捕捉到一顆非同步衛星訊號的時間只有幾分鐘而已，但衛星可以在離開通訊範圍前把訊號轉給另一顆衛星，所以也能持續保持通訊。非同步衛星的高度比同步衛星低，傳輸時的延遲和訊號衰減都更少。然而，因為需要很多顆衛星才能確保通訊，所以切換和管理衛星的技術門檻比較高。

44 鐵會生鏽的原因

生鏽

鐵之類的金屬表面與大氣和水溶液中的氧或水接觸時，就會如下圖所示，在化學或電力作用下發生俗稱**腐蝕**的侵蝕現象。而腐蝕的鐵與氫或氧化合後形成的生成物便是**鏽**。

鐵　＋　空氣（氧）　＋　水　＝　鏽

▲ 生鏽

氧化還原

　　鐵在生鏽後會變成很穩定的狀態，反倒是純金屬的鐵在自然界中來得更稀有。如下（中央）圖所示，鐵的原料鐵礦石是鐵與氧結合而成的氧化鐵，自然界中的鐵元素大多都是以這個狀態存在。把鐵礦石放入煉鐵廠的高爐中與焦炭（將煤炭蒸餾後的產物）進行化學反應，以人工方式奪走鐵礦石的氧（還原）後，才能得到汽車和建築物所使用的鐵。

　　然而，經過提煉的鐵並非鐵的自然狀態。所以鐵會不斷嘗試與氧結合，試圖變回氧化鐵的鐵礦石，如果放著不管就是生鏽。換句話說，**鐵的生鏽是鐵元素試圖變回穩定狀態的自然定律**。

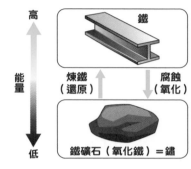

▲ 鐵的氧化還原

離子化傾向

　　大多數的金屬都和鐵一樣，在空氣中放置一段時間便會發生腐蝕，失去金屬特有的光滑表面和光澤，長出鏽斑。然而，並非所有金屬皆是如此，不同金屬的易生鏽程度都不一樣。這稱為**離子化傾向**（下圖）。離子化傾向愈大的金屬愈容易生鏽。

（大）←──── 容易變成離子　　　離子化傾向　　　不易變成離子 ────→（小）

Li	K	Ca	Na	Mg	Al	Zn	Fe	Ni	Sn	Pb	H_2	Cu	Hg	Ag	Pt	Au
鋰	鉀	鈣	鈉	鎂	鋁	鋅	鐵	鎳	錫	鉛	氫	銅	汞	銀	鉑	金

▲ 離子化傾向

45 鏽的本質就是電

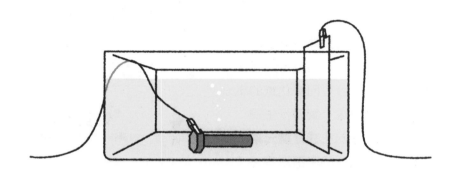

電子

物質會腐蝕（生鏽）是因為物質與氧結合（氧化），所以只要失去氧（還原）就會變回原狀。從電學角度來看，**氧化**就是物質失去電子的反應，**還原**則是得到電子的反應。

換句話說，氧化還原反應其實是電子移動導致的，過程中會有一方失去電子、一方得到電子。也就是說，氧化和還原一定是同時發生。

(a) 氧化反應　　　　(b) 還原反應

▲ 氧化還原反應

離子

　　如下圖所示，由於原子中質子帶的正電荷與電子帶的負電荷相等，因此原子整體不帶電。然而當原子失去電子，質子的數量多於電子，原子就會帶正電。此狀態的原子稱為**陽離子**。相反地，如果原子得到電子，使電子的數量多於質子，原子就會帶負電。此狀態的原子稱為**陰離子**。離子的表示符號是在原子符號的右上角加上＋或－，並在正負號前寫上失去或得到的電子數。另外，原子在反應中到底會變陽離子還是陰離子，是由原子的種類決定。

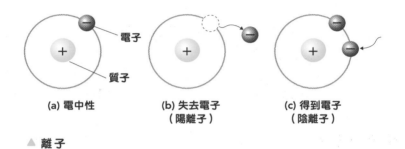

電子

質子

(a) 電中性　　　　(b) 失去電子　　　　(c) 得到電子
　　　　　　　　　（陽離子）　　　　　（陰離子）

▲ 離子

氧化銅

　　這裡我們用Cu（銅）氧化變成CuO（氧化銅）的反應為例，來看看電子是怎麼移動的。

• 整體的反應式：

$$2Cu + O_2 \rightarrow 2CuO$$

• 銅的反應式：

$$2Cu \rightarrow 2Cu^{2+} + 4e^-$$

　　因為銅失去電子變成陽離子，所以是**氧化反應**。

• 氧的反應式：

$$O_2 + 4e^- \rightarrow 2O^{2-}$$

　　氧得到電子變成陰離子，所以是**還原反應**。

46 利用化學方式取出電力的電池

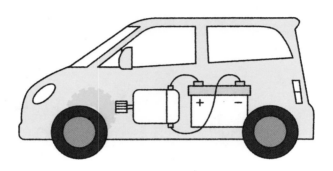

電池的組成

電池是利用氧化還原反應從物質中取出電能的裝置，其構造如右圖所示，是在**電解液**中插入2片不同種類的金屬板。

　　所謂的電解液，指的是鹽酸、硫酸、食鹽水等可導電的水溶液。2片金屬板便是電池的**正極**和**負極**，而且必須是2種離子化傾向（44 **參照**）不同的金屬。

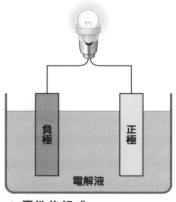

▲ 電池的組成

電池的原理

　　第103頁的圖是由鋅板和銅板組成的電池，我們以這個電池為例，來看看電池的化學變化。

①在稀硫酸（電解液）中插入銅板和鋅板。由於鋅的離子化傾向比

銅大，因此鋅板會釋放出2個電子，變成鋅離子溶於稀硫酸中。此時，因為鋅板側釋放出電子，所以發生的是**氧化反應**。

$$Zn \rightarrow Zn^{2+} + 2e^-$$

②接著鋅釋放出的電子通過導線，從鋅板移動到銅板。此時，導線上就會產生與電子移動方向相反的電流，點亮燈泡。

③來到銅板上的電子會被稀硫酸中的氫離子接收，使其變回氫原子。此時，因為銅板側得到了電子，所以發生的是**還原反應**。

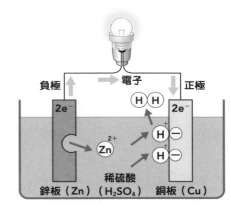

▲ 電池的原理

$$2H^+ + 2e^- \rightarrow H_2$$

④由於2個氫原子會結合成氫分子，因此銅板上會產生氫氣。

極化

在反應進行時，如果銅板被不斷產生的氫氣泡泡覆蓋，銅板便會無法繼續接收電子。也就是說，電流將停止流動。這種氣體包覆電極，妨礙電極接收電子的現象叫做**極化**。為了防止極化發生，正極的表面會塗上**氧化劑**，讓產生的氫氣與氧反應變成水。而為了防止極化所添加的氧化劑就叫做**去極劑**。

47 在物體表面覆上金屬材料的電鍍

什麼是電鍍？

電鍍如下圖所示，是一種使金屬或樹脂等材料的表面形成一層銅、鎳、鉻、金等**薄金屬皮膜**的方法。這種方法除了常被用於裝飾、防鏽之外，也被廣泛用來提升材料的耐磨性和電學特性。

| 鍍鉻 | 鍍金 | 鍍錫 |

▲ 各種電鍍產品

電鍍也和電池一樣，都是一種利用電化學「**氧化還原反應**」的技術。

電鍍的原理

在電解液中，對陽極的欲鍍金屬和陰極的被鍍金屬通以直流電後，便會發生氧化還原反應。陽極的欲鍍金屬會釋放出電子變成金屬離子，溶於電解液中；而陰極的被鍍金屬則會從金屬離子得到電子，在表面形成鍍膜。

下圖是鍍銅的例子。一般而言，電解液使用硫酸銅和硫酸的水溶液，陽極使用磷銅球或無氧銅等。

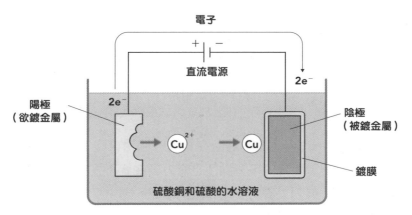

▲ 鍍銅的原理

熱浸鍍鋅

有種鋼材的防鏽處理方法叫做**熱浸鍍鋅**。這種方法和電鍍不一樣，是一種不會用到電的鍍層法。熱浸鍍鋅是把材料泡進高溫融化的鋅金屬裡，在材料表面鍍上一層鋅膜。由於耐腐蝕性與黏著性都很優異，成本方面也很經濟實惠，因此這個方法被廣泛用在高壓電塔、交通護欄、橋梁等鋼材上。另外，因為做法很像把鋼材放進油鍋，所以在日本又俗稱**天婦羅**。

電力小偷和法律

在日本，未經許可擅自使用車站或餐飲店等公共場所的插座替手機充電，是會觸犯竊盜罪的。但在明治時代初期，由於電力尚未普及，因此法律並沒有設想到偷電這件事。當時的《刑法》規定，只有偷竊「財物（有形之物）」才算是竊盜罪。

禁止擅自使用插座

▲ 電力小偷

1901年（明治34年）日本法院在審理一起擅自從電線拉電來使用的案件時，訴訟雙方的爭論點便是電力到底算不算財物。被告在一審被判有罪，但到二審時又逆轉改判無罪。理由是電用眼睛看不到、用手摸不著，所以不算財物。然而，電力公司擔心放任民眾擅自拉電私用會對電力事業造成致命的影響，所以馬上就提出上訴。最終這起案件在大審院（現在的最高法院）被判有罪，也成為當時史無前例的新式犯罪。

受到這起案件的影響，日本在1907年（明治40年）《刑法》修法時，加入了「電力視同財物」的條文。該條文認定電力雖然不是財物，但應該當成財物視之。

4

用電方法與電的生產和運作內幕

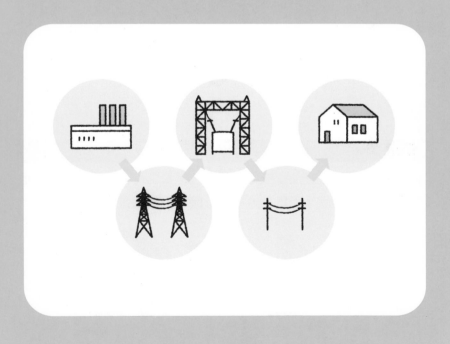

48

從使用到充電 都不需要插電!?

電源線

電 從發電廠送到住家或工廠後,還需要再傳輸給電器產品和機器才能使用。而負責傳輸這一段電力的就是電源線。

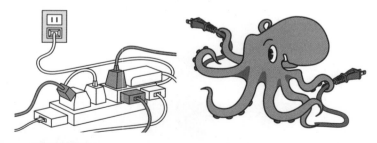

▲ 章魚腳配線

然而,當電源線太多的時候,插座便可能變成俗稱的**章魚腳配線**,不僅容易纏成一團難以整理,還可能引發走火等意外。

無線化

　　現在，包含吸塵器和各種電動工具在內，許多機器都開始**無線化**。這些無線機器依靠內置的電池運作。雖然沒有電源線很方便，但電池沒電後還是必須充電。因此，即使機器本身不用插電，但替電池充電時還是需要電源線。

▲ 電池充電

無線充電

　　而連充電時也不需要電源線的終極輸電方式，便是**無線充電**。無線充電又叫做**無線電力傳輸**或**非接觸式充電**，一般使用的是靠**磁通量**在傳輸線圈和接收線圈之間傳送電力的技術。例如生活中常見的手機和電動牙刷等都有無線充電的例子，只需將機器放在充電器上就能充電。雖然目前無線充電的電量還不是很大，但透過無線充電技術，希望未來有一天我們再也不需要插座。

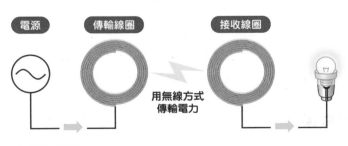

▲ 無線充電

49 認識乾電池的內部構造

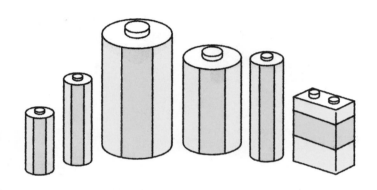

乾電池的原理

電池不可少的**電解液**會有外漏、結凍等問題，使用起來十分麻煩。所以後來科學家又發明了使電解液更接近固體，更方便使用的電池。因為和一般電池相比，這種電池的**電解液比較乾**，所以俗稱**乾電池**。但實際上乾電池的電解液不完全是乾的，而是呈現糊狀，使用不當的話還是會發生**漏液**，必須小心。

乾電池可大致分為**碳鋅電池**（又稱錳鋅電池）和**鹼性電池**。兩者的電動勢皆為1.5V，因為鹼性電池就是從碳鋅電池改良而來。

碳鋅電池

碳鋅電池如第111頁的圖(a)所示，正中央有一條名叫**集電體**的碳棒。它的正極是二氧化錳，負極是鋅，電解液是氯化鋅。正極和負極之間有隔離膜，避免直接接觸。碳棒、正極、負極都包有絕緣管，最外面再套上金屬殼。

碳鋅電池所使用的電解液，也就是氯化鋅水溶液幾乎是呈現中性，就算電池在電器內部發生漏液，直接與空氣中的二氧化碳發生反應，**結晶化**變成粉末，也不會腐蝕金屬，能降低對機器的損害。不小心接觸到人體時也相對安全。

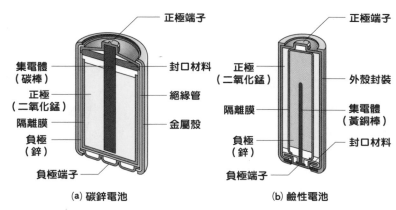

(a) 碳鋅電池　　　　　　　(b) 鹼性電池

▲ 乾電池的構造

鹼性電池

鹼性電池如上圖(b)所示，和碳鋅電池一樣正極是二氧化錳，負極是鋅。不過，集電體改用經過鍍層處理的黃銅棒，電解液改用氫氧化鉀。鹼性電池比碳鋅電池**容量更大**且**電壓更不容易降低、更持久**，適合需要大電流且長時間持續運作的電器。

鹼性電池的電解液是氫氧化鉀水溶液，這是一種鹼度很高的液體。因此一旦在電器內部發生漏液，電池的端子部分就會遭腐蝕。此外，接觸到人體的話也可能會使皮膚感到疼痛。

50 汽車用的鉛蓄電池

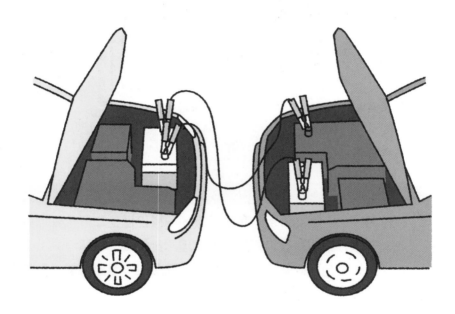

充電電池

電池可依使用方式分為**原電池**和**充電電池**兩大類。原電池和充電電池的最大差別在於能否充電。原電池是不能充電的**拋棄式電池**，例如乾電池就屬於原電池。

相對地，充電電池能重新充電，可循環使用，所以又叫做**蓄電池**。鉛蓄電池是最古老的充電電池，時至今日仍在使用，主要用作汽車電池和緊急時的備用電源。

鉛蓄電池的構造

　　下圖是車用鉛蓄電池的構造。鉛蓄電池是由正極板、負極板、隔離板（防止正負極板接觸）交互組成的極板組還有電解液，以及容納這兩者的樹脂製電槽與上蓋組成。電槽分成6塊，用於串聯6組2V的極板組，因此輸出電壓為12V。此外，上蓋裝有正極端子和負極端子，用於連接電線。電解液使用稀硫酸，完全充電時的比重為**1.280**。放電時比重會逐漸下降。

　　極板具有將直流電儲存在電池中的重要功能，由板柵和活性物質（在化學作用下進行充放電的物質）構成。板柵是網狀的鉛合金，用來支撐活性物質。

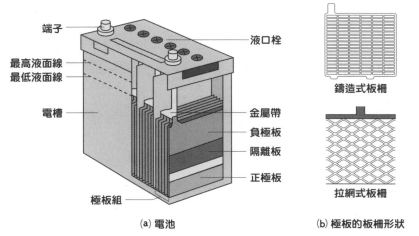

(a) 電池　　　　　　(b) 極板的板柵形狀

▲ 鉛蓄電池的構造

放電的過程

　　鉛蓄電池的內部構造如第114頁的圖所示，正極板是二氧化鉛（PbO_2），負極板是鉛（Pb），電解液是稀硫酸（H_2SO_4）。在此狀態下，將電池連接上負載（啟動馬達、大燈等）後就會開始放電。首先，負極板的鉛會溶於電解液中，變成鉛離子。然後鉛離子會和電解液中的硫酸根離子互相結合，變成硫酸鉛（$PbSO_4$）附著在負極板上。

另一方面，正極板的二氧化鉛中的鉛會與電解液中的硫酸根離子互相結合，變成硫酸鉛（$PbSO_4$）。與此同時，電解液中的氫離子會與二氧化鉛中的氧結合變成水，導致電解液（稀硫酸）的濃度降低。因此只要使用比重計**測量電解液的比重**，就能得知電池的**殘餘電量**。

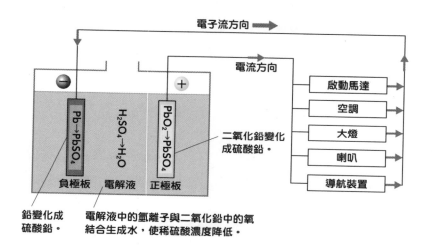

電子流方向 ➡

電流方向

啟動馬達
空調
大燈
喇叭
導航裝置

二氧化鉛變化
成硫酸鉛。

Pb→PbSO₄

H_2SO_4→H_2O

PbO_2→$PbSO_4$

負極板　　電解液　　正極板

鉛變化成
硫酸鉛。

電解液中的氫離子與二氧化鉛中的氧
結合生成水，使稀硫酸濃度降低。

▲ 放電過程

充電的過程

對放電後的電池進行充電時，電流會從發電機（充電器）流向電池，而且如第115頁的圖所示，**電流的方向會與放電時相反**。因此，電池會發生與放電時相反的化學反應。在負極板上，硫酸鉛會被分解成鉛和硫酸根離子，然後鉛會留在負極板上，硫酸根離子則會溶於電解液中。

另一方面，在正極板上，硫酸鉛會與水產生反應，變成氫離子和硫酸根離子溶於電解液中，然後鉛會與氧結合變成二氧化鉛留在正極板上。因此，電解液（稀硫酸）的濃度會增加。

充電電池便是透過這個過程實現多次的放電和充電。

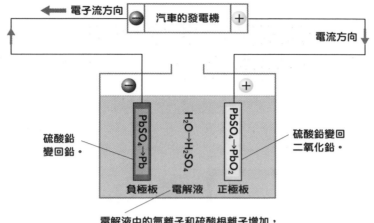

電子流方向

汽車的發電機

電流方向

$PbSO_4 \rightarrow Pb$

$H_2O \rightarrow H_2SO_4$

$PbSO_4 \rightarrow PbO_2$

硫酸鉛
變回鉛。

硫酸鉛變回
二氧化鉛。

負極板　　電解液　　正極板

電解液中的氫離子和硫酸根離子增加，
使稀硫酸濃度增加。

▲ 充電過程

電解液的補水

　　電池充電時，電解液中的水會被分解成氧氣和氫氣，導致**電解液減少**。尤其是充滿電後還繼續充電（過充）的話，電池的高溫也會讓水蒸發減少。由此可知，電池在使用一段時間後電解液就會減少，必須定期檢查液量。

　　如果鉛蓄電池的電解液減少到最低液面線附近，就要從液口栓補水。另外，因為減少的不是硫酸而是**水**，所以補充時加的不是稀硫酸，而是市售的**精製水（或蒸餾水）**。

　　順帶一提，最近也出現一種無需維護的**閥控式鉛酸電池**。這種電池可以將充電時產生的氣體透過化學反應變成水，所以電解液不會減少。因此這種蓄電池是完全密閉的構造，沒有用來補水或測量比重的液口栓。

51 智慧型手機也用到的鋰離子電池

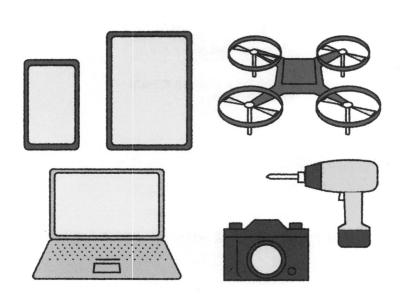

鋰離子電池的特徵

鋰離子電池被應用在智慧型手機、筆電，以及車載電池等各種機器上。這是因為與傳統的充電電池相比，鋰離子電池具有以下的優秀特性。

1. 電壓高

鋰離子電池的工作電壓是3.7V。和鎳氫電池與鎳鎘電池的1.2V相比，電壓可達約3倍之多。因此如果採串聯的方式，鋰離子電池只要使用1/3的數量即可輸出相同電壓。

▼ 充電電池的比較

項目＼種類	鎳鎘電池	鎳氫電池	鉛蓄電池	鋰離子電池
工作電壓 [V]	1.2	1.2	2.0	3.7
重量能量密度 [Wh/kg]	20～70	40～90	20～40	150～200
體積能量密度 [Wh/L]	60～200	170～350	50～90	200～500
循環壽命 [次]	500～1000	500～1000	300～1500	1200～2000
自放電率 [%/月]	25	20	5～10	5
記憶效應	有	有	無	無

2. 能量密度高

鋰離子電池的重量能量密度（每單位重量的容量）約為鎳氫電池的3倍、鎳鎘電池的5倍。此外，體積能量密度（每單位體積的容量）也約為鎳氫電池的1.5倍、鎳鎘電池的3倍。

換句話說，鋰離子電池的體積更小更輕，很適合當作行動機器等的電源。

3. 循環壽命長

充電電池在多次充放電後，性能會漸漸變差。而可以充放電循環的次數就叫做循環壽命。鋰離子電池的循環壽命約達1200～2000次之多，可以使用很久。

4. 保存性佳

電池就算不使用，也會隨著時間自然放電。這種現象叫做自放電。鋰離子電池每個月的自放電率是5%。與鎳氫電池和鎳鎘電池相比，自放電率不到1/5。即使閒置好幾個月，也能保持跟原本差不多的電量。

5. 沒有記憶效應

鎳氫電池和鎳鎘電池在多次淺充放電後，實際可用的電池容量便

會減少。這叫做**記憶效應**。而鋰離子電池沒有記憶效應，不需要完全用完電再充電，即使還剩下很多電也能隨用隨充。

充放電的原理

由於鋰離子電池的正極、負極、電解質等材料會因製造商和用途而異，因此這裡只介紹其中較具代表性的組合。也就是使用金屬氧化物當作正極，用石墨等碳基材料當作負極，以有機溶劑等當作電解液。

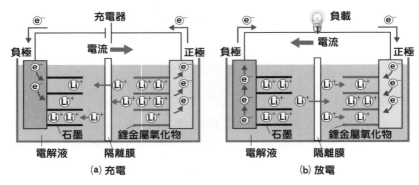

(a) 充電　　　　(b) 放電

▲ 充放電的原理

充電時如上圖(a)所示，鋰離子會脫離正極溶於電解液中，然後移動到負極與石墨結合。此時電子不是通過電解液，而是通過導線從正極移動到負極。

放電時的反應則恰好相反，鋰離子回到正極，與鋰金屬氧化物結合。此時電子會從負極移動到正極。

如上所述，只有鋰離子能經由電解液穿過隔離膜，在正負極之間移動。而鋰離子電池的原理，便是藉由鋰離子的來回移動儲存和釋放能量。

全固態電池

最近，**全固態電池**被視為超越鋰離子電池的次世代電池而備受

關注。這種電池的放電原理與鋰離子電池大同小異。唯一的不同之處如下圖所示：鋰離子電池的電解質是液體，而全固態電池則使用**固體物質**。

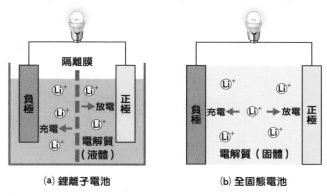

(a) 鋰離子電池　(b) 全固態電池

▲ 鋰離子電池和全固態電池

全固態電池的電解質是固體，所以可以**做得很薄（薄型）**。因此，這種電池可以堆疊好幾層，體積比液態電池更小，電容量卻更大。此外，固態電池沒有漏液或起火的風險，也不容易劣化，具有壽命長、可超高速充放電等許多優點。

因此，固態電池被認為可以應用在很多不同領域，特別是電動車用的電池，目前各大廠商都在朝著實用化的方向研究。

燃料電池不是電池？

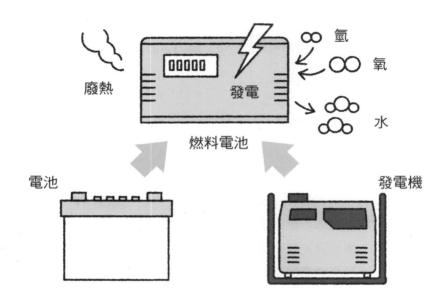

廢熱

發電

燃料電池

氫

氧

水

電池

發電機

燃料電池其實是發電機

一般的電池（乾電池或鋰離子電池等）是把電能儲存在電池內部，當電池內的電全部用完時就無法繼續放電。此時，只能換一顆新電池或是替電池充電。換句話說，電池一次的可用電量，完全依賴於電池內儲存的**電能大小**。

相反地，**燃料電池**不會把電能儲存在電池內部。換句話說，只要持續從外部替負極加氫、替正極加氧（大多情況是直接用空氣），燃料電池就能一直產生電力。其原理就跟用天然氣當作燃料的火力發電廠完全一樣，只要不斷供應天然氣，發電機就能一直運作，持續

發電。因此，燃料電池與其說是電池，其實**本質更接近發電機**。

氫與氧

水是由氫和氧所組成，當對水通電時，水會被分解，在陰極產生氫，在陽極產生氧。這叫做**水的電解**。

於是，科學家想到如果反過來讓氫和氧結合，或許也可以產生電力，就這樣發明出燃料電池。如下圖所示，在電化學反應上，電解與燃料電池正好是2種相反的反應。

水的電解　　　　　　　　　　　　燃料電池

▲ 電解與燃料電池

燃料電池的設計原理

燃料電池大致分成固體高分子型（PEFC）、磷酸型（PAFC）、熔融碳酸鹽型（MCFC）、固體氧化物型（SOFC）4種。

第122頁的圖是家用燃料電池和燃料電池車等使用的固體高分子型燃料電池的發電原理。燃料電池的結構是負極（燃料極）和正極（空氣極）之間夾著一層充當電解質的固體高分子膜。

負極的氫和正極空氣中的氧會各自通過正負極上的細溝進行反應。在負極，氫會失去電子變成氫離子。由於只有離子可以穿過電解質，因此氫失去的電子只能從設置在外側的導線通過。氫離子穿過電解質後會移動到正極，與從空氣中汲取的氧和從導線跑過來的電子產生反應，結合成水。在這個反應中，**電子通過導線**這件事非常重要。因為電子通過導線就意味著有電流產生，代表電池正在發電。這便是燃料電池的設計原理。

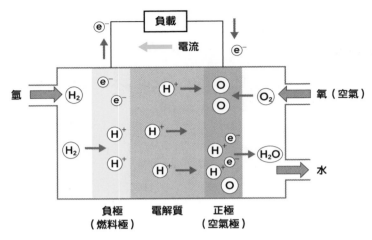

▲ 燃料電池的發電原理

燃料電池的特徵

　　由於燃料電池的原料是氫和氧，因此擁有幾項優點。首先是它的發電效率很好，只要有氫和氧就能穩定發電；其次它是透過化學反應來發電，所以不會產生噪音，而且發電過程的副產物只有水，比較環保。因此，在實現無碳社會和能源安全方面，燃料電池被寄予厚望，扮演著重要的角色。

　　不過，燃料電池也有缺點。雖然成本已經比以前降低，但還是不夠便宜，不足以普及到一般家庭，而且它的使用壽命只有10年左右。

綜合能源效率優秀的家用燃料電池ENE-FARM

ENE-FARM是日本Panasonic開發的家用燃料電池熱電聯產系統。這是一種可以完全回收發電時所產生之廢熱的系統。

如下圖所示，這套系統除了電力之外，還能利用發電時的廢熱煮水，整體能源效率高達70～90%。由於ENE-FARM是一套在節能、環保面上都很優秀的系統，預期未來將有機會普及。

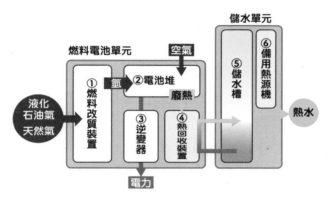

▲ ENE-FARM的結構

① **燃料改質裝置**：利用天然氣製造氫。

② **電池堆**：讓從天然氣分解出的氫氣與空氣中的氧氣反應，產生直流電。

③ **逆變器**：將產生的電從直流電轉換成交流電。

④ **熱回收裝置**：回收電池堆和燃料改質裝置的廢熱，用於加熱水。

⑤ **儲水槽**：將回收的熱水儲存起來，供應熱水和暖氣。

⑥ **備用熱源機**：當儲水槽內的熱水不足時，改用天然氣煮水。

53　被喻為超大型蓄電池的抽蓄發電

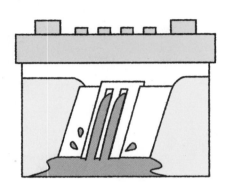

電力需求

電力需求會隨著氣溫、天氣、經濟活動等狀態而大幅變化。例如右下圖便是各季節不同時段的電力使用情形。在夏季，白天的用電量大約是夜晚的2倍左右。發電設備必須能夠應付尖峰的用電量，但在尖峰以外的時段，專為尖峰用電準備的發電設備幾乎不會運轉，導致**設備使用率**很低。為了有效利用設備，就必須引進縮小尖峰用電與離峰用電差距的**負載平準化**技術。這項技術可以避免電力公司在設備上投入太多資金，繼而降低發電成本。

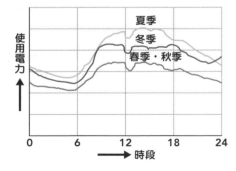

▲ 一天的電力需求變化

抽蓄發電的原理

負責縮小尖峰用電和離峰用電差距的要角就是**抽蓄發電**。如下圖所示，抽蓄發電廠在夜間等電力需求較少的時段會從下池抽水運到上池。這叫做抽水運轉，若用蓄電池來比喻就相當於替電池「充電」。然後，在白天等用電量大的時段，發電廠會把上池的水釋放到下池來發電。這就相當於蓄電池的「放電」。由此可見，整個抽蓄發電廠就像是一顆巨大的蓄電池。

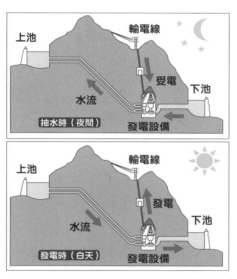

▲ 抽蓄發電的原理

抽水與發電

在抽蓄發電中，抽水時使用的是電動機和泵浦，發電時使用的是發電機和發電用水輪機。由於安裝這2種專用裝置的建造費用很高，因此現在使用的都是可在抽水和發電時改變旋轉方向的**可逆式**機組。可逆式抽蓄發電使用的是同時具備發電機和電動機功能的**電動發電機**，以及兼具泵浦和水輪機功能的**水泵水輪機**。

54 利用自然水循環發電的水力發電

水力發電的原理

水力發電的原理是將儲存在水壩等高處的水釋放到低處時的**位能**轉換成電力。由於發電時不會排放二氧化碳，是一種非常乾淨的能源。

在第127頁的上圖中，水庫式發電廠儲存在水壩的水會先通過攔汙柵，篩掉土石、流木、魚類等雜質，然後從進水口進入壓力鋼管，一路被輸送到水輪機。水會在鋼管中加速加壓，可以猛力帶動水輪機，把位能轉換成動能。由於水輪機很容易因雜物而受損，因此攔汙柵的角色十分重要。

接著水輪機轉動時產生的動能會通過轉軸傳到發電機，產生電

力。水力發電廠的發電量大小完全取決於**水量和位差**（水壩的水面到洩水道水面的高低差）。發電使用的水會經由洩水道流入河川。

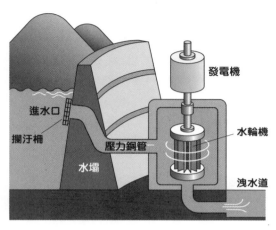

▲ 水力發電的原理

水輪機

水輪機如下圖所示，分為**衝動式水輪機**和**反動式水輪機**。衝動式水輪機的原理是用水斗接收噴嘴噴出的水流，利用水流的衝擊轉動轉輪，適合位差大、流量小的水源。

另一方面，反動式水輪機的原理是在水流碰到轉輪葉片轉向的時候，利用水壓的推力轉動轉輪。這種水輪機適用的位差和流量範圍很大，被用於絕大多數的水力發電廠。另外，轉輪指的是水輪機中承受水流而轉動的部位。

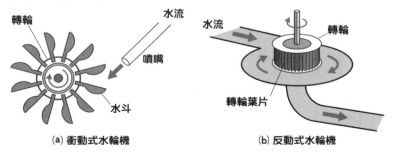

(a) 衝動式水輪機　　　　　　(b) 反動式水輪機

▲ 水輪機的種類

水力發電的種類

（1）依結構物分類

如下圖所示，水力發電可依結構物分為**水路式**、**水庫式**、**水庫水路式**3種。

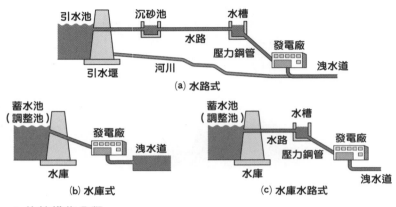

▲ 依結構物分類

- **水路式**是在河川上游建造一個引水用的小型引水堰，然後用**長水路**把水引到有足夠位差的地方來發電。發電用的水量依河川的水量而異。此外，當水輪機和發電機停機或遇到洪水時，電廠會進行放水（不發電的放水）。

- **水庫式**是在河流上建造攔水用的水庫，製造出人工湖（蓄水池或調整池），藉以**提升水位**創造位差的方式。由於水會儲存在水庫中，因此發電量不會被河川流量影響，也幾乎不會進行不發電的放水。

  此外，這種水庫兼具多種用途，可用來防洪和供應工業用水、農業用水等。

- **水庫水路式**是**結合水庫式和水路式**的發電方式，比單獨使用其中一種方式時的位差更大。此外，因為蓄水池和發電站不需要比鄰而建，選址空間也比較大。

（2）**依用水方式分類**

　　如下圖所示，依照用水的方式，水力發電也可分成**川流式（自流式）**、**調整池式**、**水庫式**。

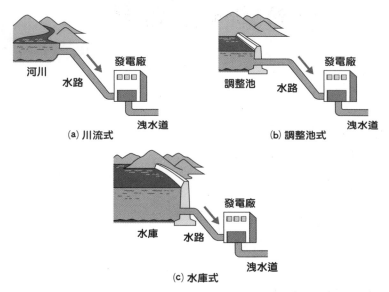

(a) 川流式

(b) 調整池式

(c) 水庫式

▲ 依用水方式分類

- **川流式**是不調整**河川的水流**，直接引水發電的方式。因為不儲存水，所以發電量完全視河川的水量決定。又稱為自流式，取水方法屬於水路式。

- **調整池式**是在夜間或週末等電力消耗較少的時候**減少發電量**，把水儲存在調整池內，在用電量較大的白天或平日放出來增加水流量，藉此發電的方式。

　　這種方式可以依用電需求調整一天或一週的短期發電量。

- **水庫式**是把水儲存在比調整池的**蓄水量更大**的水庫來進行發電的方式。它能在融雪季或梅雨季、颱風等豐水期儲水，等到夏天、冬天用電量變大時再放水發電。可以調整一季或是整年的長期發電量。

55 原理與燒水推動風車一樣的火力發電

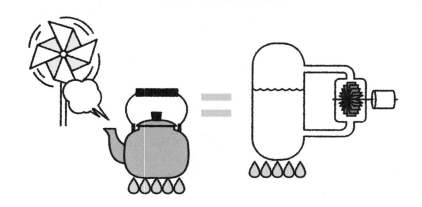

火力發電的原理

火力發電，指的是利用燃燒燃料所產生的熱把水變成**蒸汽**，再利用蒸汽的推力轉動**渦輪**的發電方式。

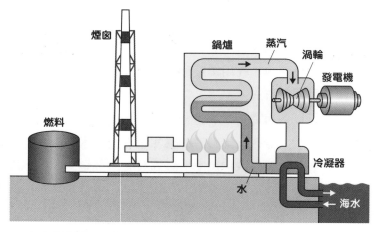

▲ 火力發電的原理

如同第130頁下圖所示，火力發電是在鍋爐中燃燒燃料產生蒸汽，再利用蒸汽的力量轉動渦輪產生電力。蒸汽通過渦輪後會進入冷凝器重新變回水，繼續循環使用。目前火力發電占日本總發電量的70%以上（註：台灣的火力發電約占80%，香港的火力發電約占72%），是最大的電力來源。

1. **燃料**

火力發電使用的燃料如下圖所示，包含**天然氣（LNG）**、**煤炭**、**石油**等化石燃料。所有燃料都是從外國進口。

煤炭

天然氣

石油

OIL

▲ **火力發電的燃料**

另外，天然氣開採出來時是氣體，之後會被降溫到−160℃以下變成液體，體積則縮小到原本的1/600左右。因此天然氣在運輸時是液態，使用時才還原成氣體。

2. **鍋爐**

鍋爐負責燃燒天然氣、煤炭、石油等燃料，並用燃燒所產生的熱加熱安裝在內部數萬條導管內的水。其產生的蒸汽溫度和壓力都很高，最近有的火力發電機組甚至可達到600℃和250大氣壓（相較之下，壓力鍋只有2大氣壓左右）。接著這些蒸汽會從輸氣管被送去渦輪。

3. 蒸汽渦輪

鍋爐所產生的高溫高壓蒸汽會被用來轉動渦輪，並帶動與渦輪連接的發電機，產生電力。

4. 冷凝器

通過渦輪後，蒸汽會進入冷凝器被海水（冷卻水）冷卻，重新變回水。

如下圖所示，其原理是讓蒸汽通過裝有海水的導管周圍來降溫變回水。

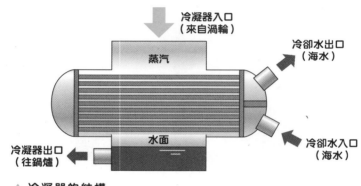

▲ 冷凝器的結構

5. 發電機

發電機主要是由磁鐵和線圈組成，轉子是一個細長的圓筒形。這是因為轉子在50Hz的發電頻率下每分鐘可達3000轉，在60Hz的發電頻率下更可達每分鐘3600轉，如果直徑太大的話會承受不住離心力。

另外，為了快速冷卻發電機產生的熱，目前大多採用冷卻效果很好的氫氣冷卻法。

複循環發電

對火力發電廠來說，**熱效率**是一個非常重要的指標。所謂的熱效率，指的是燃燒產生的熱能有多少能轉換成有效電力。

火力發電廠的熱效率愈高，就能以相同數量的化石燃料產生更多電力。換句話說，也就能減少化石燃料的消耗量。而為了提升熱效率，電力公司發明了一種叫做**複循環發電**的發電方式。

這是一種結合燃氣渦輪（與噴射引擎一樣的結構）和蒸汽渦輪的發電方式。如下圖所示，它會先在壓縮空氣中燃燒燃料，產生燃氣，利用燃氣膨脹的壓力轉動燃氣渦輪發電。此時燃氣渦輪排出的廢氣還有充分的餘熱，因此熱回收鍋爐會再利用餘熱將水煮沸，產生高溫高壓的蒸汽，帶動蒸汽渦輪發電。

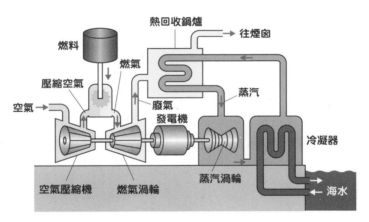

▲ 複循環發電的原理

跟傳統只使用蒸汽渦輪的發電方式相比，複循環發電可以有效利用過去未被使用的熱能，提升熱效率。雖然它的構造比一般的火力發電更加複雜，但因為擁有可以快速啟動的燃氣渦輪和小型的蒸汽渦輪，所以能在短時間內啟動和停止，依照用電需求快速調整發電量。

56 發電原理類似
火力發電的核能發電

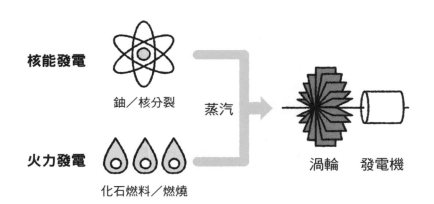

核能發電

鈾／核分裂　　蒸汽

火力發電

化石燃料／燃燒　　　　　　　　渦輪　發電機

核分裂

無論核能發電還是火力發電，其原理都是用蒸汽轉動渦輪來產生電力，只是兩者產生蒸汽的方法不同。

　　火力發電是燃燒化石燃料製造蒸汽，而核能發電是利用反應爐內的鈾進行**核分裂**時產生的熱來煮沸水，製造蒸汽。

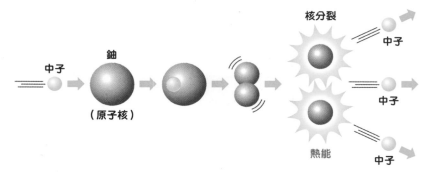

核分裂

中子　　鈾　　　　　　　　　　　　　　中子

（原子核）

熱能　　中子

中子

▲ 核分裂

核分裂指的是一個原子核分裂成2個以上原子的過程，尤其**鈾**是一種非常容易發生核分裂的物質。用中子撞擊鈾的原子核，鈾的原子核便會如第134頁下圖所示，分裂為二。而原子核在分裂的時候，又會釋放出2～3個中子。接著新釋放的中子又會撞擊其他鈾原子的原子核，引起下一個核分裂，產生連鎖反應。由於核分裂時會產生大量的熱，因此可以利用這些熱將水變成蒸汽。

反應爐的種類

目前，全球使用最廣泛的反應爐是**輕水反應爐**。這種反應爐可依照蒸汽的產生方式分為下面2種。

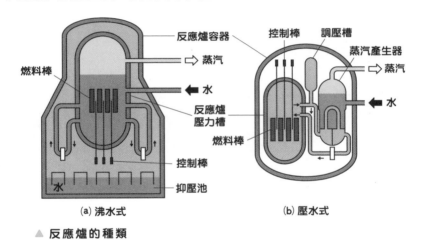

(a) 沸水式　　　(b) 壓水式

▲ 反應爐的種類

沸水式反應爐是利用核分裂產生的熱能將水變成蒸汽，再利用蒸汽轉動發電用的渦輪發電。另一方面，**壓水式反應爐**是利用核分裂釋放出的能量在反應爐中產生高溫高壓的水，然後把水送到蒸汽產生器，並用反應爐的水將其他來源的水煮沸，產生蒸汽，再利用蒸汽轉動發電用的渦輪發電。因此在壓水式反應爐中，含有放射性物質的蒸汽不會通過渦輪和冷凝器。

57

我們身邊
可用來發電的能量

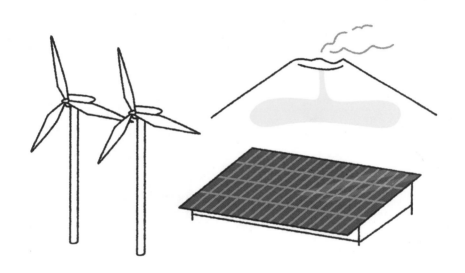

再生能源

目前全球主要的電力來源是火力發電，這種發電方式不僅會產生溫室氣體，還有燃料（石油、煤炭、天然氣等）枯竭的問題。因此，近年來更具永續性的**再生能源**逐漸受到關注。

再生能源的定義是「太陽能、風力以及其他非化石能源，且可永續利用者」。換句話說，也就是自然界中可以源源不絕產生的能源。利用這種再生能源的發電方式，包含第137頁圖中的太陽能、風力、水力、地熱、生質能等等。

太陽能發電　　　　　水力發電

風力發電　　　　　地熱發電　　　　　生質能發電

▲ 再生能源

再生能源的特徵

利用再生能源的發電具有以下幾項特徵。

（1）**優點**

①環境負荷低

發電時不會排放造成全球暖化的溫室氣體。

②不需要燃料費

不消耗燃料，沒有資源枯竭的疑慮。

③有助提高能源自給率

因為燃料不依賴外國進口，有助於提高資源貧乏國家的能源自給率。

（2）**缺點**

①發電量不穩定

因為是天然能源，所以容易受到天候等環境因素影響。

②建設成本高

雖然成本已有下降趨勢，但目前仍然十分昂貴。

以半導體為要角的太陽能發電

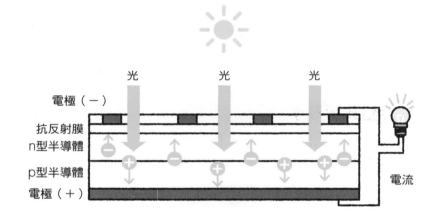

光　　　　　光　　　　　光

電極（－）

抗反射膜
n型半導體

p型半導體

電極（＋）

電流

太陽能電池的結構

太陽能電池是由2種（**p型**、**n型**）電學性質不同的半導體疊合而成。這2種半導體的銜接面稱為接合面，當接合面照到陽光時，光能會使接合面上產生**正孔**和**電子**。正孔會跑向p型半導體，電子會跑向n型半導體。因此，裝設在正面和背面的電極連上負載後，便會有電流通過。

另外，所謂的正孔是指電子（負電荷）跑掉之後所留下的空洞（孔）。因此，正孔在電性上帶有正電荷。

實際的太陽能電池可依材料分為**矽太陽能**、**化合物太陽能**、**有機型太陽能**3種，目前使用最多的是矽太陽能電池。

太陽能發電系統

下圖是家用太陽能發電系統的一例。

（1）**太陽能電池模組**

即太陽能板。太陽能電池的基本單位是大約10cm見方的**電池單元**，而太陽能電池模組是由多個電池單元排列組成。

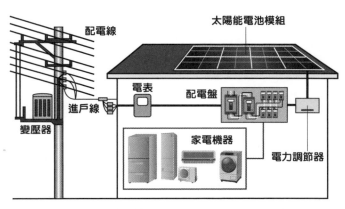

▲ 家用太陽能發電系統

（2）**電力調節器**

將太陽能電池模組產生的直流電轉換成家用電器使用之交流電的機器。有時又簡稱為調節器。

電力調節器除了可以轉換直流電與交流電之外，也具有自動調整電壓和電流的組合以維持最大發電量，減少受到天氣條件影響的功能。此外，它還能監測電壓和頻率，在停電或發生意外等異常情況時阻斷電流。

另外，幾乎大部分的電力調節器都具有**獨立運轉功能**。這是在遇到突然**停電**時也能使用太陽能電池模組發電的功能。這項功能可以防範災難時無電可用的風險，是非常重要的功能。

59

結構比外表看來
更加複雜的風力發電

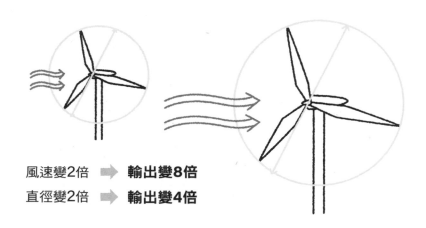

風速變2倍　➡　**輸出變8倍**

直徑變2倍　➡　**輸出變4倍**

風力發電機的構造

下圖是目前風力發電的主流,即**螺旋槳型風機**的構造。各部位的功能如下。

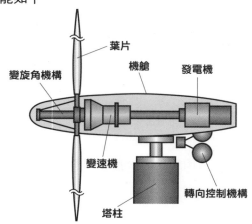

葉片

變旋角機構

機艙

發電機

變速機

轉向控制機構

塔柱

▲ 風機的構造

1. **葉片**

   風機的扇葉部分。水平軸風機的葉片絕大多數都是3片式的螺旋槳。材質主要使用FRP（玻璃纖維強化塑膠）製造。

2. **變旋角機構**

   依照風速調整葉片的傾斜角度。當風速較弱時，就將葉片調整成受風面積更大的角度。當風速較強時，則將葉片調整成只會接收到所需風量的角度，讓多餘的風直接通過，防止強風造成風機損壞。這種控制系統就叫做旋角控制。

3. **變速機**

   利用齒輪使葉片的轉速增加到足以發電的轉速。

4. **發電機**

   將風機的旋轉動能轉換成電能。

5. **轉向控制機構**

   又叫做偏航控制。用途是控制風機在水平面上配合風向旋轉，使風機保持面向迎風面。

6. **機艙**

   用於容納變速機、發電機、變旋角機構等重要風機零件的外殼，也有防水、隔音的功能。內部設有讓人員進入的維修空間。

7. **塔柱**

   支撐機艙的部分。塔柱內部設有讓人員爬上機艙的豎梯或簡易電梯，以及輸送電力的電線等。

8. **其他**

   除了上述之外，機艙內還裝有可安全停下葉片的「煞車裝置」、檢測風速和風向的「風向風速計」、保護風機避免雷擊的「防雷裝置」等。

60 掘井取得發電源的地熱發電

岩漿庫

地熱儲集層

地熱儲集層

日本列島已確認的**活火山**多達111座。在火山地帶相對較淺的地下數km範圍中，存在著從地下深處湧上來的高溫岩漿庫。滲入地底的雨水或地下水會被岩漿庫加熱，變成熱水或蒸汽。當這些熱水或蒸汽聚集在岩盤底下或岩盤縫隙間，就會變成**地熱儲集層**。而地熱發電便是利用累積在地熱儲集層的高溫高壓的熱水或蒸汽來發電。換句話說，地熱發電的地熱儲集層就相當於火力發電的鍋爐。另外，日本的地熱資源儲量僅次於美國和印尼，排名全球第三（截至執筆的2022年為止）。

地熱發電的原理

如第143頁的圖所示，地熱發電的原理是鑽一個井（生產井）到

地熱儲集層，從中取出高溫高壓的熱水和蒸汽。由於熱水和蒸汽會混在一起噴出，因此需要用汽水分離器分離蒸汽和熱水。

蒸汽會被利用來轉動渦輪發電，而熱水則會通過另一口井（灌注井）送回地底深處，避免地底的化合物被排到地面。

完成工作的蒸汽會被送到渦輪出口的冷凝器冷卻，變成溫水。累積在冷凝器中的溫水會再通過冷卻塔繼續降溫，變成冷卻水循環利用。

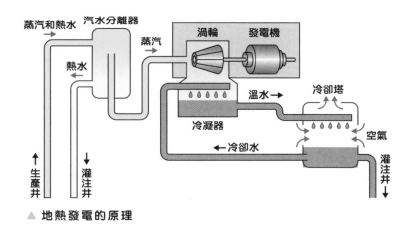

▲ 地熱發電的原理

地熱發電的特徵

地熱發電是一種幾乎不會排放二氧化碳的發電方式。此外，因為是以岩漿產生的熱作為能源，所以也不會枯竭。

不僅如此，地熱幾乎不會受到季節或天氣影響，不論白天或晚上都能發電。因此，與太陽能發電或風力發電等發電量會隨季節、天氣、晝夜變化的發電方法相比，地熱發電的**發電量很穩定**。

然而，日本適合地熱發電的地點大多位於國家公園或溫泉區等已有很多其他設施的地方，必須進行環評或與當地居民協商後才能建造。同時，地熱發電還必須面對建設成本高昂，以及需要進行詳細的地質調查等問題。

每天都會看到的電線桿和電線

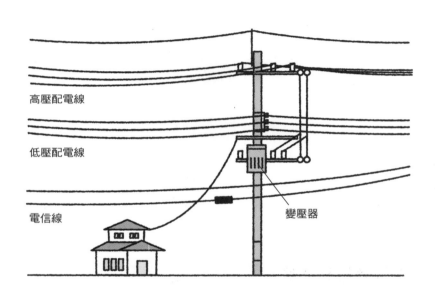

高壓配電線

低壓配電線

電信線

變壓器

各種電線桿

在日本，電線桿上的電線雖然看起來都一樣，但其實除了**輸電用的電力線**（高壓配電線・低壓配電線）之外，還包含**電信線**。因此，電線桿也依照用途分成3種。

第一種是用於吊掛電力線，將電力送入一般住家的**電線桿**。第二種是用於吊掛電話線、有線電視纜線、網路線等電信纜線的**電信桿**。以及第三種，也就是電力線和電信線都掛，兼具電線桿和電信桿功能的**共用桿**。

此外，電線桿依照材質還能分成木桿、水泥桿、鋼管桿、鐵桿等等。

電線桿的設置方式

電線桿的高度主要是由電線的高度決定。因此不同地方的高度不盡相同，從6m到16m都有。不過法律規定，建造電線桿時必須將全長的約6分之1埋入地下，所以12m的電線桿埋設深度必須達到2m，因此地面上的高度只有10m。

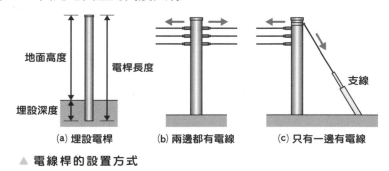

地面高度　電桿長度

埋設深度

(a) 埋設電桿　(b) 兩邊都有電線　支線　(c) 只有一邊有電線

▲ 電線桿的設置方式

除此之外，為了避免倒塌，電線桿還有很多特殊的設計。例如為了平衡電線桿所受的力，有些電線桿會裝上具有防止傾倒功能的支線。以上圖(b)的電線桿為例，由於兩邊都有電線，左右的受力相同，這種情況就不需要支線。不過因為上圖(C)的電線桿只有一邊被電線拉著，就必須加上支線支撐以防止倒塌。

腳踏釘

腳踏釘是以一定間隔固定在電線桿兩側的粗釘子，其用途是替維修人員在進行維護保養時提供攀爬點。水泥製的電線桿通常使用螺釘式的鐵棒，所以又叫做腳踏螺釘。

而為了安全起見，腳踏釘一般只裝在高度1.8m以上的位置。

62 從發電到把電送到家裡

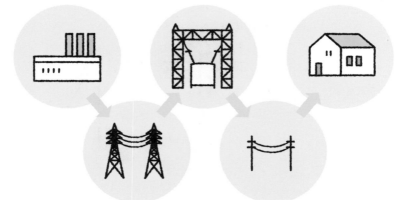

電的通道

各電廠發出的電力，必須經過輸電線、變電所、配電線等設施後，才能送到一般住家。

（1）**輸電線的起點**

電力首先會在**發電廠**被製造出來。日本主要的發電廠是火力發電廠、水力發電廠、核能發電廠（註：台灣和香港主要是以火力發電為主，核能發電與再生能源發電為輔）。這些發電廠會先產生出電壓在幾千V～2萬V左右的電力，然後在發電廠內或鄰近的**變電所**轉換成27萬5000V～50萬V左右的超高電壓，再送到**輸電線**上。

（2）**輸電線、變電所、配電線**

在輸電線上流動的電，傳輸中途會在變電所內轉換成所需的電壓，最後送到**配電用變電所**。接著，電力會在配電用變電所變壓成6600V，然後送入**配電線**。工廠或是辦公大樓等設施會直接接

收6600V的電力，但一般住家需要再經過電線桿上的桿上變壓器，把電壓從6600V降到100V或200V後才能接收（註：台灣輸電線路依電壓等級可區分為345000V、161000V、69000V等級，最後會把電壓降成110V或220V再送到一般住家；香港輸配電系統內的變壓器會把發電廠輸出的電力由約20000V升壓至132000V、275000V或400000V等，再輸送到地區變電站，把電壓降低至380V或220V才送達一般住家）。

透過以上過程，發電廠才能不分晝夜地供應電力給每個家庭。另外，因為電流的速度幾乎等於光速，發電廠的電可以瞬間送達。

提高輸電電壓的理由

發電廠產生的電經由輸電線送到各地，但並非所有的電都能一分不減地送到我們的家中。由於輸電線本身也存在電阻，因此一部分的電力會變成廢熱，在途中消散於空氣中。這就叫做**輸電耗損**。

由於電力大小等於電壓乘以電流，因此輸送相同的電力時，電壓愈高則電流愈小。當電流變小，輸電耗損也會減少，而且幅度與電流的平方成正比。舉例來說，如果電壓提高10倍，電流就會變成1/10，輸電耗損則是1/100。1950年代的輸電耗損據說高達25%左右，這意味著電廠發出的電有1/4會在輸電過程中耗損掉。後來，日本進入高度經濟成長期，電力需求跟著大幅攀升，輸電設備也進行高壓化，近年的輸電耗損已經降低到5%左右。

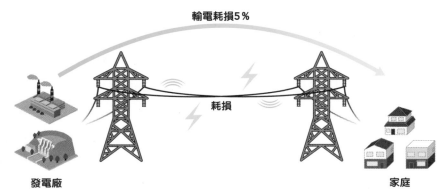

輸電耗損5%

耗損

發電廠　　　　　　　　　　　　　　　　　　　　　　家庭

▲ 輸電耗損

63 電源頻率可以改變嗎？

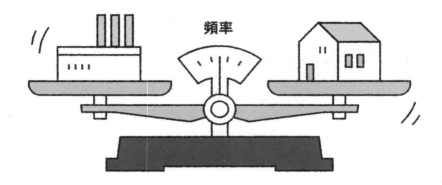

頻率

頻率的變動

日本電力公司提供的電是頻率50Hz或60Hz的交流電（註：台灣的供電頻率為60Hz，香港的供電頻率為50Hz）。因此，連接電力系統的發電機全部都是以50Hz或60Hz的速度運轉。這是因為**發電頻率與發電機的轉速成正比**，所以當頻率固定不變時，代表發電機的轉速也固定不變。

然而，由於電力需求隨時在變動，因此當使用的電力增加時，發電機的轉速便會下降，使得電源頻率降低。其原理就跟騎腳踏車從平地轉入上坡時一樣，由於踏板變得更難踩動，因此腳踏車前進的速度會變慢。當情況反過來時，發電機的轉速會增加，使得電源頻率提高。由此可見，發電機的轉速會隨著使用電力的大小變化，導致電源頻率發生變動。

一般來說，需求和供給的平衡每產生10%的變化，電源頻率

就會變化1Hz。

頻率的調整

　　如果電源頻率不斷改變，工業用機器和家電產品就很容易出現各種故障，所以必須想辦法控制這種頻率的變化。要使電源頻率保持固定，電力公司必須時時刻刻依照電網目前的電力需求調整各電廠的功率，使電力供需經常保持一致。

　　電力的消耗量除了會受到當天的氣溫、天氣影響之外，也會隨著季節改變。此外，白天和夜晚等不同時段的用電量也有很大的差異。因此，電力公司會提前預測用電量的變化，確保電網擁有足夠的發電量因應這個變化值。

　　然而，當氣溫快速上升或發電機組突然故障時，電網的電量供需會出現很大的變化。因此電力公司的最大發電量必須大於預測的用電需求，保留一部分的多餘電力。這就叫做**備轉容量**。要維持電源頻率的穩定，至少需要3%左右的備轉容量；而要避免因發電機組故障導致停電的話，則需要8～10%的備轉容量。

　　用火力發電的話，可以如下圖所示，藉著調整燃料供應量或給水量來控制蒸汽量，繼而調整鍋爐效率；或是調整蒸汽控制閥來控制渦輪功率（即發電機輸出功率）。

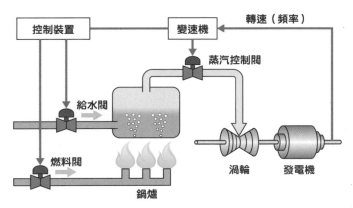

▲ 火力發電的頻率控制

64 日本東西部電源頻率不同的歷史背景

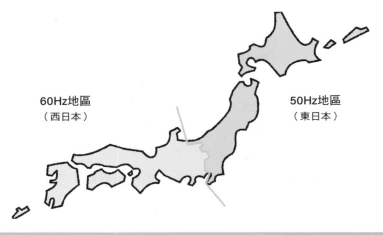

60Hz地區
（西日本）

50Hz地區
（東日本）

日本同時擁有2種頻率的原因

世界上絕大多數國家使用的交流電頻率都是「50Hz」或是「60Hz」其中之一。然而日本卻不一樣，在靜岡縣的富士川和新潟縣的系魚川附近，以東的東日本使用50Hz，以西的西日本則使用60Hz，同時擁有2種頻率。同一個國家混用2種頻率的情況，放眼全球也是獨樹一格。為什麼日本會同時存在2種頻率呢？

其原因要追溯至日本開始進入電力時代的明治時期。當時日本還沒有能力自行製造**發電機**，必須從外國進口。結果，東京進口的是**德國製**發電機，大阪則進口了**美國製**發電機。兩邊各自進口了不同國家的發電機，這便是現今東西部電源頻率不同的原因。德製發電機的發電頻率是50Hz，美製發電機則是60Hz。後來電網擴張到全國後，就導致了東日本使用50Hz，西日本卻使用60Hz，一個國家存在2種頻率的罕見情況。

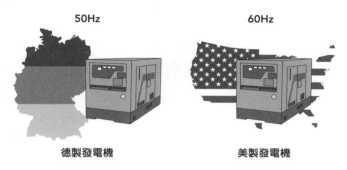

50Hz　　　　　　　　　60Hz

德製發電機　　　　　　　美製發電機

▲ 德製和美製的發電機

頻率不同導致的問題

　　在日本，如果搬家到電源頻率不同的地方時，必須仔細檢查自己所用的家電產品適用的是哪種頻率。若電器上寫的是「50／60Hz」，就代表在東西日本皆能使用。但如果只有寫「50Hz」或是「60Hz」，就只能在使用對應電源頻率的地區使用。如下圖所示，有些電器產品只能在某些頻率下使用，又或者雖然能用，但性能會不一樣。儘管現在50Hz／60Hz通用的電器產品愈來愈多，但使用之前還是必須詳閱使用說明書。

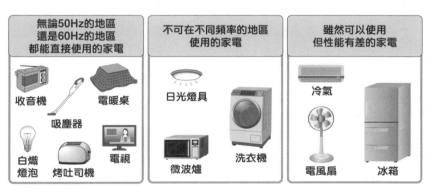

無論50Hz的地區還是60Hz的地區都能直接使用的家電	不可在不同頻率的地區使用的家電	雖然可以使用但性能有差的家電
收音機　電暖桌　吸塵器　白熾燈泡　烤吐司機　電視	日光燈具　微波爐　洗衣機	冷氣　電風扇　冰箱

▲ 家電產品與電源頻率

65 停電有3種

停電的種類

發 電廠暫時停止輸電的情況叫做**停電**。發電廠停止輸電就代表住家或公司無電可用。但發生停電不一定是發電廠的機器故障。有時**電力公司也會刻意停電**。如下圖所示，停電可以分成3種。

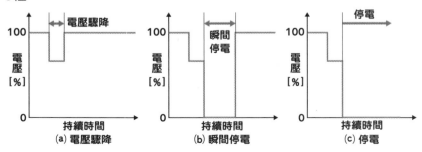

▲ 停電的種類

(a) 電壓驟降

電壓驟降指的是「瞬時電壓降低」，一如字面所示，指的是電壓**瞬時性**降到正常值以下。瞬時性的定義大約是0.07秒～2秒左右。主要是由落雷或雪災等自然現象導致。

(b) 瞬間停電

瞬間停電指的是「瞬時停電」，這是電壓驟降後電力公司刻意進行的停電。輸電線遭到雷擊便會導致瞬間停電，此時電力公司會暫時切斷遭到雷擊的輸電線，使電壓降為零。之後重新輸電時，絕大多數的情況都能正常送電。這段期間就叫做瞬間停電，時間大約在1秒～1分鐘左右。由於是電力公司刻意停止送電，因此電力公司一般不會將這種情況歸類為停電。

(c) 停電

即電壓**持續**沒有恢復，無法送電的情況。電力公司將此定義為停電。例如電線斷掉或電線桿倒塌造成輸電線故障，且這種故障不是瞬間性而是持續性，即使電力公司恢復輸電也無法恢復電壓。為了找出輸電停止的原因，電力公司必須持續停電直到解決問題為止。這裡的持續性，一般指的是停電1分鐘以上的情形。

停電的原因

停電的原因有很多種，第154頁圖中是常見的主要停電原因。另外，日本每年的事故停電次數為每戶0.15次左右，在全球屬於極少停電的國家。

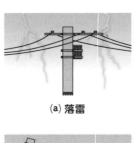

(a) 落雷

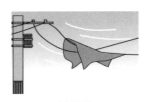

(b) 颱風

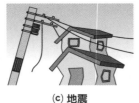

(c) 地震

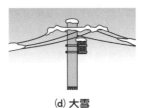

(d) 大雪

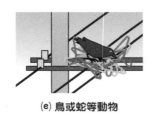

(e) 鳥或蛇等動物

(f) 車輛碰撞

▲ 停電的原因

(a) **落雷**

因雷擊導致電線、變壓器等送電或變電設備故障引發的停電。

(b) **颱風**

屋頂用的鍍鋅鋼板被颱風等強風吹飛，切斷電線；或是大雨導致的土石流使電線桿倒塌或電線斷掉時，也會導致停電。

(c) **地震**

地震本身的晃動或晃動引發的土石崩落、土壤液化等，也會造成電線桿倒塌或電線斷掉，引發停電。

(d) **大雪**

大雪會讓電線上積雪，令電線的搖晃幅度變大，使電線互相接觸或因為重量而斷裂，引發停電。

(e) **鳥或蛇等動物**

小鳥或蛇等動物若碰到電線或金屬配件也會引發停電。另外，日本也曾發生烏鴉在電線桿上築巢時，將鐵絲搬回巢內而導致停電的事故。

(f) **車輛碰撞**

車輛因交通事故等而撞上電線桿，導致電線桿倒塌、折斷，扯斷電線所引發的停電。

從停電到復電

要從停電狀態恢復供電，必須先找出停電發生的地點。此時電力公司會從變電所附近的地區開始**依序通電**，找出是哪個地點出問題。接著故障的地區會繼續停電，其他地區則會先恢復供電。

然後電力公司會派技工前往故障地區，一根一根檢查電線桿，排除故障原因，進行修復作業。

停電導致的二次災害

假如停電前正在使用熨斗、電暖爐或照明器具等，復電時這些電器便有可能發生漏電，或是因為接觸到易燃物而發熱、起火，引起**通電火災**。特別是因地震導致停電時，電器產品或附近的家具很容易傾倒或損壞，與電器發生接觸，更容易引發通電火災。因此在停電的時候，包含住家和避難地點在內，都必須提前關閉**斷路器**以預防二次災害。

地震導致停電

發生電氣火災

復電後

▲ 通電火災

鋰離子電池與諾貝爾獎

　　將週期表上的元素按照原子質量排序，繼氫（H）、氦（He）之後，排名第三輕的元素就是鋰（Li）。由於氫和氦不是金屬，因此鋰是金屬元素中最輕的。而電池的材料不能沒有金屬，所以想做出最輕的電池，只要使用鋰就對了。自1970年代起，全球開始積極研究鋰離子電池，並在1990年代實用化，快速普及應用在手機和電腦上。

▼ **元素週期表**

族 週期	1	2	3	4	5	6	7	8	9	10	11	12	13	14	15	16	17	18
1	1 H 氫																	2 He 氦
2	3 Li 鋰	4 Be 鈹											5 B 硼	6 C 碳	7 N 氮	8 O 氧	9 F 氟	10 Ne 氖
3	11 Na 鈉	12 Mg 鎂											13 Al 鋁	14 Si 矽	15 P 磷	16 S 硫	17 Cl 氯	18 Ar 氬
4	19 K 鉀	20 Ca 鈣	21 Sc 鈧	22 Ti 鈦	23 V 釩	24 Cr 鉻	25 Mn 錳	26 Fe 鐵	27 Co 鈷	28 Ni 鎳	29 Cu 銅	30 Zn 鋅	31 Ga 鎵	32 Ge 鍺	33 As 砷	34 Se 硒	35 Br 溴	36 Kr 氪

　　鋰離子電池在實用化過程中面臨的最大問題，便是鋰很容易發生化學反應。換句話說，就是很容易與水或空氣發生反應而起火。雖然鋰輕巧的優點有利於小型化和輕量化，卻因為其活潑的化學性質而遲遲難以實用化。

　　儘管同時還面臨其他阻礙，但在科學家努力不懈的研究之下，鋰離子電池終於實用化。其中貢獻最大的3位科學家也在2019年拿到諾貝爾化學獎。這3人分別是吉野彰（旭化成名譽研究員）、約翰・古迪納夫（John Goodenough）、史丹利・惠廷翰（M. Stanley Whittingham）。

5

應用電力的各種技術

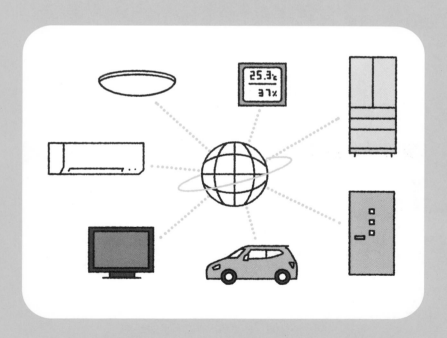

66 生活隨處可見的半導體

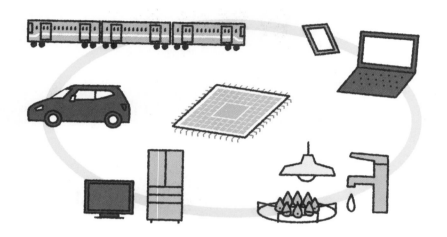

半導體的形狀

下圖是一塊裝有大量小型電子零件的**印刷電路板**。半導體也是這塊電路板上的其中一種電子零件,那一塊塊用手指都難以抓起的方形薄片狀晶片就是半導體,如果仔細觀察,便會發現晶片的周圍還長著像腳一樣的排線。

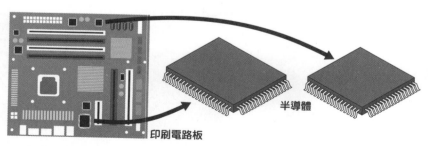

半導體

印刷電路板

▲ 半導體的形狀

這塊小小的半導體被應用於各式各樣的領域，如今已成為支撐所有產業的支柱，也是現代生活不可或缺的存在，因此又被稱為產業核心。

另外，印刷電路板指的是以各種不同的電子零件組成回路時，用來固定電子零件並連接它們的綠色板子。電路板是使電子產品小型化並提高生產效率不可或缺的材料。

生活中的半導體

（1）家庭中的半導體

近年的冷氣機之所以變得省電，是因為裡面裝了半導體來精密控制壓縮機和風扇的**轉速**。還有數位相機能輕鬆拍出漂亮的照片，也是因為裡面裝有一種叫做感光元件的半導體。另外，照明用的LED燈也是半導體。除此之外，在電子鍋、洗衣機、冰箱等家電產品中，半導體也扮演著大腦的角色。

（2）家庭外的半導體

電車的運行系統、銀行的ATM、網際網路與電信系統等社會基礎設施，全都不能沒有半導體。醫療器械中也裝有半導體，讓病患可以享受更高水準的醫療服務。此外，物流系統在引進應用半導體的電腦後，效率也大幅提升，而且只消耗很少能源，降低了對環境的負擔。

由此可見，我們身邊存在大量的半導體，而且隨著今後數位化的進展，我們對半導體的需求預計還會快速增加。然而，建造半導體工廠需要投入巨額的資金和時間，很難在短時間內一口氣提高產量。因此，當半導體的供給跟不上需求時就會陷入**半導體不足**的窘境，迫切需要適當的生產計畫。

認識半導體的原理！

兼具導體・絕緣體兩方性質的物質

不導電　←――――――――→　導電性良好

| 絕緣體 | 半導體 | 導體 |

半導體的性質

物質分為可導電的**導體**，與不導電的**絕緣體**。而半導體則一如其名，一半是導體，一半是絕緣體。簡單來說，半導體在某些條件下會變成導體，在另一些條件下則會變成絕緣體。這種性質很適合用來控制大多數的電器，因此被應用在各種不同領域。

半導體的構造

絕緣體的電子和原子核的結合力相當強，所以沒有自由電子，電流無法通過。相反地，導體擁有很多自由電子，所以電流可以通過。換句話說，電流的本質就是自由電子。

矽（Si）是最具代表性的半導體物質。矽原子的最外層擁有4個電子，靠共價鍵（多個原子共享電子結合在一起）固定，通常無法移動，幾乎不能導電。之所以使用矽，是因為矽是地球上僅次於氧的

第二多元素，而且也容易加工。

在矽這種半導體中混入微量雜質，用人工方式製造出自由電子和正孔（電洞），就能製造出雜質半導體。雜質半導體有**n型**和**p型** 2種，也就是現在電子電路所用的半導體。

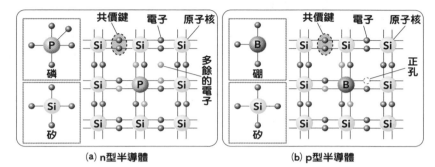

(a) n型半導體   (b) p型半導體

▲ 半導體的構造

（1）n型半導體体

摻雜了最外層擁有5個電子的磷（P）原子的雜質半導體。如上圖 (a)所示，由於加了磷之後，磷會**多出**一個電子，這個電子就能變成自由電子，使電流可以通過。

（2）p型半導體

摻雜了最外層擁有3個電子的硼（B）原子的雜質半導體。如上圖 (b)所示，矽與硼的化學鍵會少一個電子，形成一個可以容納電子的孔洞。這個洞就叫做正孔（電洞）。

由於正孔是一種不穩定的狀態，因此會吸引附近的電子，試圖變回穩定的狀態。而附近的電子被吸走後，原本的位置又會變成新的正孔。然後旁邊的電子又移動到新的正孔，再次形成另一個正孔……週而復始。如此電子就發生了移動，形成電流。

68 LED的優點與發光原理

LED的特徵

ED是Light Emitting Diode的縮寫，中文譯為**發光二極體**，具有電流通過時就會發光的性質。其色光依使用材料而異，有紅、藍、綠等顏色。

相較於白熾燈泡和日光燈，LED具有壽命更長且消耗電力更少的優點。除此之外，LED燈還擁有**易於小型化**、**不使用水銀而更環保**、**耐衝擊**等傳統光源所沒有的優秀特性。

因此，LED現在被應用

壽命長	容易小型化	省電
可自由調整亮度與明滅	LED	可瞬間點亮
無汞	低發熱、低紫外線	亮度高

▲ LED的特性

在照明器材、交通號誌、電子告示牌等各種產品上。LED的主要特性如第162頁下圖所示。

LED為什麼會發光？

如下圖(a)所示，LED是由擁有正孔（電洞）的p型半導體和擁有自由電子的n型半導體所結合而成。以p型半導體為正極（＋），以n型半導體為負極（－），對LED施加外部電壓時，p型半導體的正孔會從左向右流動，n型半導體的電子會從右向左流動，並在兩者的接合處互相結合而消滅。

兩者結合後，電子會從高能量的狀態變為低能量的狀態。此時**多餘的能量**就會變成光釋放到外面，令LED發光。

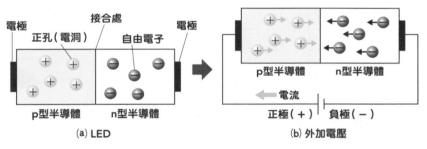

(a) LED　　　　　(b) 外加電壓

▲ 發光的機制

為什麼LED的色光會不一樣？

正孔和電子結合後的多餘能量愈大，釋放出的光波長愈短。由於不同半導體材料釋放出的能量大小不同，因此我們可以依照想要的顏色挑選LED的製造材料。

不過，唯有白光LED不是直接讓LED發出白光，而是組合藍色LED和黃色螢光體，或是組合光的三原色（紅、藍、綠）的LED來形成白光。

69 讓家電產品達到省電功效的逆變器

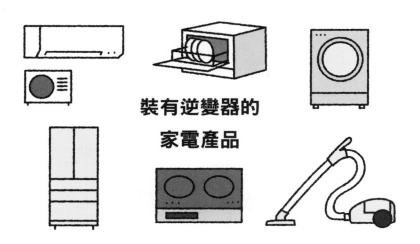

裝有逆變器的家電產品

逆變器的功用

我們在電視和網路廣告上常聽到「變頻冷氣」一詞。變頻冷氣也就是裝有**逆變器**的冷氣,而現在除了冷氣之外,如冰箱、洗衣機、IH電磁爐等很多家電也都有安裝逆變器。

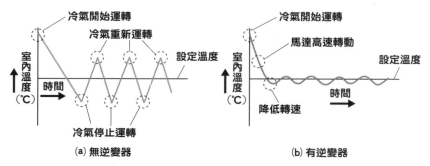

(a) 無逆變器　　(b) 有逆變器

▲ 冷氣機的運轉

逆變器可以大幅提高電器的節能程度。以冷氣為例，第164頁下圖⒜是沒有安裝逆變器的冷氣，當室內溫度下降太多時，冷氣會自動停止運轉，等溫度變得太高時才會重新啟動。這使得室內溫度很容易忽高忽低，消耗大量電力，能源效率極差。

　　另一方面，裝有逆變器的冷氣則如第164頁下圖⒝所示，在開始運轉時，馬達會高速轉動，等室溫接近設定溫度後，馬達的轉速會自動降低，配合室溫變化持續地運轉，並和緩地改變轉速。這種做法比不斷停止、重啟冷氣來得更有效率，也更節省電力。而之所以能像這樣改變馬達的轉速，都是因為背後有逆變器在控制頻率。

逆變器的原理

　　家用插座的電是50Hz或60Hz的固定交流電（註：台灣的供電頻率為60Hz，香港的供電頻率為50Hz）。如下圖所示，使用電器時，逆變器會暫時將交流電轉換成直流電。這個過程叫做**整流**。經過整流後，直流電仍會殘留些許交流電所留下來的波狀變動（脈動），因此還要再進行平滑化。而這個直流電可轉換成任意頻率的交流電輸出。逆變器就是透過這種方式改變交流電的頻率。另外，實際上在轉換時，還會依照頻率改變電壓。

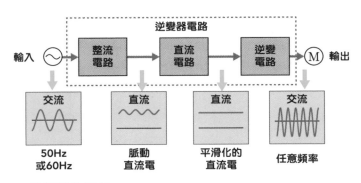

▲ 逆變器的原理

70 如何解釋類比訊號和數位訊號的差別？

10點00分25秒0542……

10點00分

類比與數位

類比和數位的差異就如下圖所示，類比屬於**連續性**的資料，而數位則是**離散性**（有段落的數值）的資料。

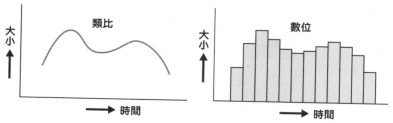

大小 → 類比
→ 時間

大小 → 數位
→ 時間

▲ 類比與數位

　　我們可以用時鐘來理解。類比時鐘是用指針平滑連續地轉動來表示時間。數位時鐘是用數字來表示時間。由於類比時鐘的指針是連續轉動的，因此我們可以從指針在分和分之間的位置讀出大致的

時間。然而，數位時鐘只有數字，無法得到除了表面數字之外的時間資訊。即便兩者都是以秒為最小單位，類比時鐘仍能藉由指針的位置表現出秒與秒之間無限小的時間資訊，但數位時鐘卻無法顯示無限的數字。

　　由於數位資訊無法直接呈現具連續性的類比現象，因此只能以一定的單位進行切分，並將切分後的各個部分約化成一個數字來表示。換句話說，數位化就是將連續的現象切分開來，約化成個別的數字來表示。自然界的所有現象都是類比的，但電腦的運作方式卻是數位的。

數位化

　　將類比資料轉換成數位資料，稱為**A/D轉換**。A/D轉換如下圖所示，要依序通過**標本化**、**量子化**、**符號化**這一連串的步驟。

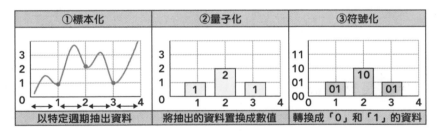

▲ A/D轉換

①標本化是將類比資料按一定的時間單位切分，並讀取每個單位的值。這個步驟又叫做取樣。
②量子化是將讀取到的值變成可轉換成數位資料的數值。
③符號化是將量子化後的值換成全由0和1組成的二進位數字。又叫做編碼化。

71 為什麼網路線改用光纜取代電線？

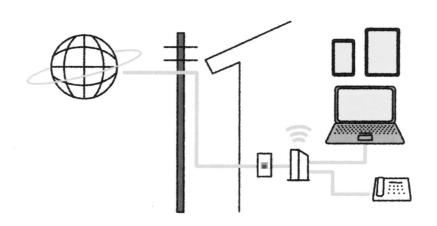

什麼是光通訊？

光通訊是利用光纜進行通訊。光通訊與傳統使用電線（銅線）進行的通訊，主要差異在於用**光訊號**取代電子訊號。光訊號具有以下幾項特性，因此被廣泛應用在洲際海底纜線和一般的網路線上。

（1）**傳輸距離長**

光訊號的訊號衰減率（途中損失的量）比電子訊號少，可傳輸很長的距離。因此如右圖所示，光通訊能使用更少的**中繼器**傳輸相同距離，更為經濟。

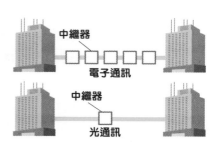

中繼器

電子通訊

中繼器

光通訊

▲ 傳輸距離

（2）**可一次傳輸大量資料**

與電路的ON、OFF相比，光的明滅速度更快，因此能傳輸**大容量**的資料。亦即一般常聽到的「頻寬更大」。

（3）**不會受到雜訊干擾**

電子通訊會因電雜訊的干擾而出錯，讓通訊速度變慢。相反地，光纖纜線不通電，不會受雜訊影響，可以**高速**傳輸訊號。

光 纜

如下圖所示，光纖是由中間的纖芯和包覆周圍的纖殼組成的**雙層構造**。由於纖芯的折射率比纖殼高，因此光線會被鎖在纖芯內一邊反射一邊前進，不會跑到外面。

纖芯和纖殼是使用石英玻璃或塑膠製成，非常脆弱，所以會包上矽氧樹脂等保護，然後外面再包上尼龍樹脂等確保強度。處於此狀態的**光纖心線**，是光纖的最小單位。

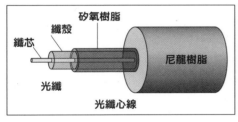
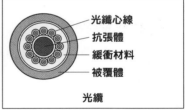

▲ 光 纜 的 構 造 範 例

光纜是由光纖組成的通訊纜線。由多條光纖心線集合而成，外面包有可用於室內環境的被覆體。

72 5G等行動通訊系統

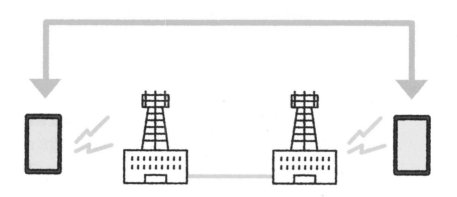

行動通訊系統

現代人只要使用智慧型手機或筆記型電腦等，不論何時何地都能講電話或上網。而在背後支撐這些通訊的，便是**行動通訊系統**（Mobile Communication System）。

世代	1G	2G	3G	4G	5G
落地時期	1979年～	1993年～	2001年～	2010年～	2020年～
規格	各國獨立		國際標準化		
通訊方式	類比	數位			
最大速度 （下行）	2.4～ 10kbps	11.2～ 28.8kbps	0.06～ 14Mbps	0.04～ 1Gbps	10Gbps
資料交換 方式	電路交換	電路交換（通話）和 封包交換（資料）		全部IP化	

▲ 行動通訊系統的演變

行動通訊系統如第170頁下圖所示，自1979年第一世代落地營運以來，經過多次世代交替，功能和品質不斷地提升。目前處於俗稱**5G**的第五世代，使用的便利性已有飛躍性地提升。另外，比5G更進步的6G技術也已在研發中，預計將在2030年前後落地。

5G的三大特徵

（1）高速大容量

4G的通訊速度是0.04～1Gbps，而5G可達到10Gbps以上，具有壓倒性的通訊度速。因此，5G可以流暢地傳輸4K或8K影片等超高解析度的大量資料。

（2）低延遲

5G的通訊延遲降低到0.001秒以下，可以近乎即時地進行通訊。這個延遲速度只有4G的1/10左右。因此，5G能讓我們從遠端遙控機器人或實現汽車的自動駕駛。

（3）多端點連接

5G的每個基地台可連接的端點數量達到每平方公里100萬台，數量是4G的10倍左右，能讓冷氣、電燈、電視、冰箱等家電產品通通都連上網路。

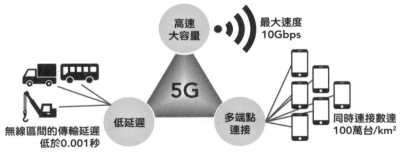

▲ 5G的三大特徵

73

設置伺服器並 提供服務的資料中心

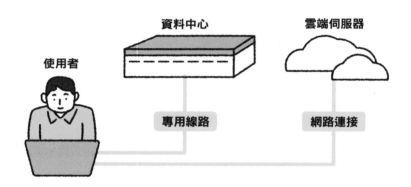

使用者

資料中心

雲端伺服器

專用線路

網路連接

什麼是資料中心？

現代企業透過網路向客戶提供各式各樣的服務，而扮演這整套系統核心角色的便是**伺服器**（電腦）。

提供放置包含伺服器在內的各種資通訊設備的場所，並讓客戶可以穩定、放心地使用這些服務，便是俗稱資料中心的設施。

要將所有伺服器放在自家公司內部管理，對企業而言需要負擔很大的空間成本和管理成本，而且還有因天災人禍損壞的風險。如果改為利用資料中心，**不僅能減輕成本，也能提高運用的穩定性**。

服務

資料中心提供的服務分為兩類：伺服器由客戶擁有的主機代管服務（housing service），以及由服務供應商提供伺服機的主機租用服務（hosting service）。主要的服務內容如下。

（1）**提供空間**

提供設置、使用伺服器的場所。另外也提供組裝、修理，以及休憩的空間等。

（2）**提供電力**

提供伺服器運轉所需的電力。同時也備有獨立發電機或UPS（不斷電系統）等以防停電。

（3）**網路連接**

提供可保障一定通訊速度的高品質通訊線路。

（4）**空調管理**

伺服器運轉時會產生大量的熱，所以需要完善的空調設備控制溫度和濕度。

（5）**災害對策**

提供具有耐震、避震構造的建築物，或設有嚴密的火災感測系統等可應變災害的環境。

資料中心與雲端的差異

另一個與資料中心很像的概念是**雲端（服務）**。雲端指的是可以透過網路接收包含軟體在內的必要服務之系統。不過，提供雲端服務的伺服器一般都保管在資料中心，因此可以說雲端服務也有間接利用到資料中心。

▼ 資料中心與雲端

項目 ＼ 種類	資料中心	雲端
服務內容	提供設置、使用伺服器的場所	透過網路提供伺服器的使用環境
伺服器的設置·使用·管理	客戶（主機代管）服務供應商（主機租用）	服務供應商負責
提供軟體	無	有

74 將萬物連上網路的IoT

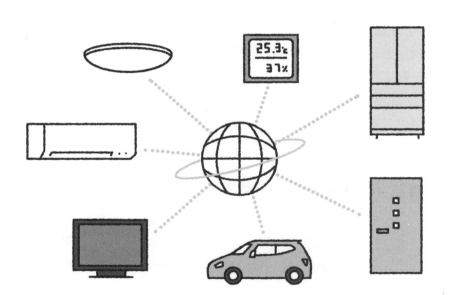

什麼是IoT？

oT是「Internet of Things」的縮寫，翻譯成中文便是**物聯網**。在過去，網路的使用場景主要是住家和公司。後來隨著通訊技術的快速發展，智慧型手機和平板電腦等行動裝置問世，讓人們在住家和公司外面也可以連上網路。而隨著現代社會的數位化，讓冷氣、冰箱等家電，以及汽車和公車、工廠的設備與裝置等各種「物品」也都能連上網路的物聯網，開始被廣泛應用。

IoT可以做什麼？

IoT可以實現的功能主要分為下圖這4類。

①遠端操作物品

從遠方遙控操作物品的功能。例如可以在外面透過手機App打開家裡的冷氣、掃地機器人、電子鍋的開關等。

②得知事物的狀態

透過網路監測特定物品的功能。

③感測事物的動態

例如可即時掌握電車、公車的行駛狀況或人潮多寡，以及提前或立即感測到行人衝出或物體翻倒的功能。

④事物之間的通訊

例如接收交通管制、塞車資訊、紅綠燈的資料等，為駕駛設定最適合的行車路線或調整車速。另外，透過智慧音箱操作家電的功能也包含在內。

▲ IoT的功能

75

車子的引擎、方向盤、煞車等都是用電腦控制

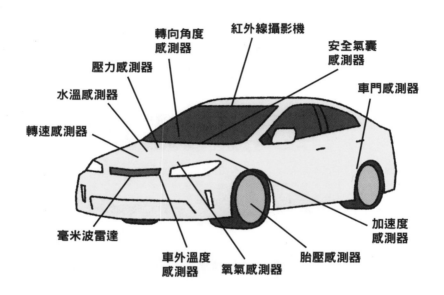

轉向角度
感測器

紅外線攝影機

安全氣囊
感測器

壓力感測器

車門感測器

水溫感測器

轉速感測器

毫米波雷達

加速度
感測器

車外溫度
感測器

氧氣感測器

胎壓感測器

電子控制

現代汽車的引擎、方向盤、變速器、煞車等等，全都有電腦在統一管理。這套系統叫做**電子控制**。

電子控制系統如第177頁上圖所示，有三大構成要素：感測器負責偵測溫度、速度、油門位置等車輛的狀態。感測器偵測到的訊號會送給**ECU（電子控制單元）**。接著ECU會根據感測到的情報，計算噴油量和點火時機等等，再將結果輸出給執行器。執行器是負責執行ECU指示的驅動部分，例如節氣門和進排氣門。然後感測器會再偵測執行後的結果，將訊號回報給ECU。如此反覆循環，讓

整輛車保持在最佳狀態。

　　雖說電子控制系統的司令塔是ECU，但為了控制各個不同的系統，有些車輛甚至擁有超過100個ECU。

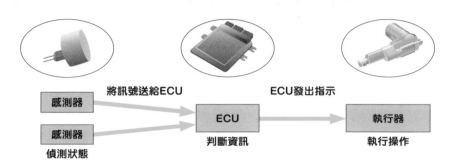

▲ 電子控制系統的構成

感測器

　　感測器相當於電子控制系統的眼睛和耳朵，汽車若沒有**感測器**就動彈不得。尤其對自動駕駛系統而言，感測器是最重要的部分，唯有感測器正確發揮功能，才能實現安全的自動駕駛。感測器的偵測對象主要有以下幾項。

（1）**車輛的狀態**

前進、轉彎、停止等車輛的基本行駛狀態。

（2）**零件的狀態**

構成車輛的引擎和變速系統等的零件，以及控制這些零件用的執行器的狀態。

（3）**車輛內外的環境**

包括天氣（降雨、側風）和障礙物（其他車輛、行人、動物）、溫度等的狀態。

（4）**駕駛的動作**

油門踏板的位置、方向盤角度、煞車踏板的位置等狀態。

76

為什麼不用觸摸身體就能測量體溫？

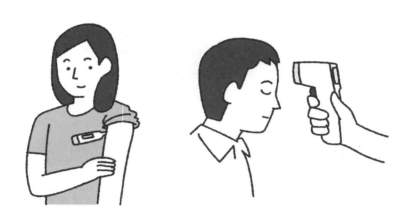

溫度計的種類

如 下表所示，溫度計可依測量原理分成幾個不同的種類。在各種溫度計中，**非接觸式**（輻射溫度計）溫度計因為可以輕易測量接觸式溫度計不容易測量，或是無法測量的東西，近年愈來愈普及。

▼ 溫度計的種類

分類	測量原理	溫度計
接觸式	利用液體體積會隨溫度變化的現象	酒精溫度計、水銀溫度計
	讓2種不同的金屬互相接觸，利用兩者的接觸點存在溫度差異時會產生電壓的現象（賽貝克效應）	熱電偶
	利用電阻會隨溫度變化的現象	測溫電阻體、熱敏電阻
非接觸式	測量對象物發出的輻射熱	輻射溫度計

非接觸式溫度計適合測量會移動的物體、食物、表面溫度，以及有段距離的物體。

輻射溫度計

所有的物體都會釋放出**紅外線**，而物體的溫度愈高，紅外線便愈強。輻射溫度計便是利用感測紅外線的強度，以非接觸的方式測量物體的表面溫度。

如下圖所示，其原理是用紅外線透鏡聚集欲測量對象釋放出的紅外線，再將之投射到名為熱電堆的感測元件上。

熱電堆是一種由多個熱電偶直列連接而成的構造，它在吸收紅外線後會變熱，並**會隨著溫度產生對應的電子訊號。**

接著這個訊號會被轉換裝置放大，再進行輻射率校正，最後送到顯示器上顯示溫度。

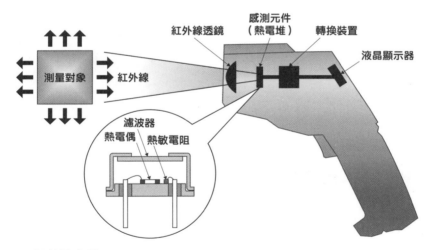

▲ 輻射溫度計

另外，物體釋放出的紅外線量會隨著物體的材質和表面狀態而改變。**輻射率**是用0～100％的數值來表示輻射的比率。用輻射溫度計測量溫度時，必須依所測量的物體來校正輻射率。

77 偵測到人就會開燈的人體感測器

什麼是人體感測器？

人體感測器，就是可以偵測人體動作的感測器。當感測範圍中有人移動時，便能自動感知到動作，打開或切斷開關。感測的原理是利用**紅外線的變化**來偵測人體和周圍環境溫度的**溫差**。除此之外，也有利用**超音波**的人體感測器。

人體感測器被應用在住宅的外牆燈、室內照明、馬桶的自動清洗、自動門等各種產品上。應用人體感測器，可以自動關閉未使用的燈具或機器，達到節約能源的效果。同時，人體感測器也能用於防盜偵測器上，活躍於保全業界。

焦電元件

人體感測器是使用一種叫做**焦電元件**的紅外線偵測元件來感知人體。焦電元件是一種具有特殊晶體結構的物質，在自然狀態下，內部電荷會分為正負兩極。這叫做**極化**，而極化的大小（正負電極的數量）會隨溫度變動。

平時的焦電元件如下圖(a)所示，空氣中的**浮游電荷**會被極化電荷吸附，中和為電中性。

不過，當焦電元件被紅外線照射而升溫時，極化程度就會如下圖(b)所示變小，極化電荷會減少；由於浮游電荷的反應速度跟不上極化現象的改變，因此多餘的浮游電荷會剩下來。於是，焦電元件的表面會帶正電或是負電，感測器便可偵測到有人從前面通過。另外，剩餘的浮游電荷會隨時間經過逐漸脫離焦電元件。之後，隨著焦電元件的溫度下降，正負電荷也會如下圖(a)所示變回原狀。

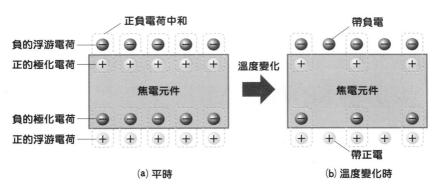

▲ **焦電元件的原理**

由此可知，焦電元件感測的是紅外線（溫度）的變化，所以有時候會被動物（貓狗等）誤觸。此外，在夏天等周圍溫度較高的時候，或是人體移動太慢，導致紅外線的變化較小時，也不容易感測到。當然，靜止的人體是無法被感測到的。

78 血壓計等壓力感測器是怎麼測量壓力的？

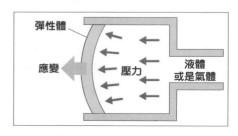

壓力感測器的種類

壓力感測器是偵測氣體或是液體壓力的感測器。如右下圖所示，對**彈性體**（施力後會變形，外力消失後會恢復原狀的物質）施加壓力，彈性體會依照壓力大小產生應變。而壓力感測器可以測量彈性體的**應變量**來計算壓力。

測量應變量的方式，包括測量靜電容量或電阻、頻率變化來計算彈性體的變位量，以及利用光學方法來測量計算。目前的主流是測量電阻變化，這種方式叫做**壓阻感測**，被廣泛應用在血壓

▲ 壓力導致的應變

計、熱水器、冷氣、洗衣機、洗碗機等家電上。順帶一提，壓阻英文中的「Piezo」便是源自希臘文的「推、壓縮」。

壓阻式壓力感測器

壓阻式壓力感測器如下方左圖所示，是由發生變形時電阻就會改變的**壓阻元件**，以及俗稱**矽基板**的彈性體組成。當壓力變化使矽基板產生應變時，安裝在其上的壓阻元件也會跟著產生應變，使電阻出現變化。於是感測器就能偵測電壓訊號的變化來計算出壓力。不過，由於這個電阻的變化非常小，因此還必須利用一種叫做**惠斯登電橋（Wheatstone Bridge）** 的電路來**提高敏感度**。惠斯登電橋如下方右圖所示，是一種由4個電阻排成四邊形的電路。

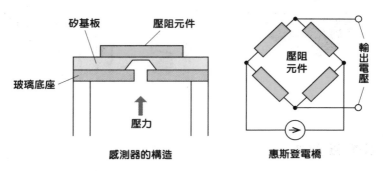

感測器的構造　　　　惠斯登電橋

▲ 壓阻式壓力感測器

另外，壓力感測器測量出的壓力，又分為以**真空**為基準值（又叫做絕對壓力）的壓力與以**大氣壓**為基準（又叫做計示壓力或錶壓力）的壓力。

測量時，壓力感測器的矽基板兩面都會受壓，而感測器測量到的應變量就是兩面的壓力差。因此，如果矽基板的其中一面暴露在空氣中，就代表這個壓力感測器測量的是錶壓力；若是內建在真空室內，代表該壓力感測器測量的是絕對壓力。

照相機等電子產品的
感光元件可將
光線轉換成電子訊號

79

影像感測器

影像感測器是一種可將射入鏡頭的光轉換成電子訊號的半導體元件，又叫做**感光元件**。感光元件被應用在智慧型手機、數位相機、影印機、行車記錄器等各種電器上。

如第185頁的圖所示，感光元件是由微透鏡、濾光鏡、光電二極體（受光元件）這3層構造組成。另外，常被當成相機性能指標的「像素」，指的便是**光電二極體的數量**。

光線會先被微透鏡聚集，然後通過濾光鏡，被光電二極體轉換成電子訊號，接著影像處理器會讀取此訊號，將訊號轉成影像。由於光電二極體只能感知光線的強弱，因此如果直接把光轉換成電子訊號，只能得到灰階的影像。所以還必須使用紅、綠、藍的濾光鏡篩選出特定範圍的波長，再將該色光的強弱資訊變換成顏色資料。

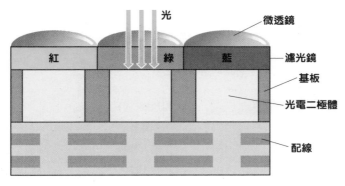

光

微透鏡

紅　　　　　綠　　藍

濾光鏡

基板

光電二極體

配線

▲ 感光元件的構造

CCD和CMOS

　　光電二極體轉換成的電子訊號非常微弱，很難直接轉成影像，因此必須將訊號放大之後，再送給影像處理器進行處理。而放大訊號的方法分為2種：**CCD**和**CMOS**。這2種方法的最大差異，在於CCD是所有像素共用一個放大器，而CMOS則是每個像素都擁有自己的放大器。

　　以前的產品普遍使用畫質更好的CCD，但近幾年來CMOS的性能已大幅改善，而且又具有消耗電力小、價格便宜等優勢，使得CMOS取代CCD成為市場主流。

感光元件大小與畫質的關聯

　　感光元件的性能並不完全由像素決定。因為單一像素的尺寸愈大，進光量也愈大，所以當像素數量相同時，感光元件大的相機可以拍到更清晰的照片。

6～10劃

188

〈作者簡歷〉

田沼和夫

1975年從工學院大學工學部畢業。同年4月進入日本水道公司就職，從事水處理設施的規劃設計。1988年加入財團法人北海道電氣保安協會，從事技術開發及技術教育工作。2014年起擔任北海道科學技術大學兼任講師。2017年起就任田沼技術士事務所代表。擁有第一種電氣主任技術者、能源管理士（電力領域和熱領域）及技術士（電力、電子部門）等證照。著作有《寫給建築、工廠的節能教科書（ビル・工場で役立つ 省エネルギーの教科書）》、《大寫解高壓用電設備 設施標準與構成機材基本解說（大写解 高圧受電設備：施設標準と構成機材の基本解説）》、《彩色版 家用電器設備的維護及管理 深入淺出的測定實務（カラー版 自家用電気設備の保守・管理 よくわかる測定実務）》等等（皆由Ohmsha社出版）。

超圖解電學知識入門
從電的特性、運作原理到技術應用，一次完整學會！

2023年11月1日初版第一刷發行

作 者	田沼和夫	
譯 者	陳識中	
主 編	陳正芳	
美術編輯	黃郁琇	
發 行 人	若森稔雄	
發 行 所	台灣東販股份有限公司	
	＜網址＞http://www.tohan.com.tw	
法律顧問	蕭雄淋律師	
香港發行	萬里機構出版有限公司	
	＜地址＞香港北角英皇道499號北角工業大廈20樓	
	＜電話＞（852）2564-7511	
	＜傳真＞（852）2565-5539	
	＜電郵＞info@wanlibk.com	
	＜網址＞http://www.wanlibk.com	
	http://www.facebook.com/wanlibk	
香港經銷	香港聯合書刊物流有限公司	
	＜地址＞香港荃灣德士古道220-248號	
	荃灣工業中心16樓	
	＜電話＞（852）2150-2100	
	＜傳真＞（852）2407-3062	
	＜電郵＞info@suplogistics.com.hk	
	＜網址＞http://www.suplogistics.com.hk	

ISBN 978-962-14-7517-6

日文版工作人員

插圖　　 Shunsuke Satake
內文設計　上坊 菜々子

Original Japanese Language edition
"DENKI, MAJIWAKARAN" TO
OMOTTATOKINI YOMUHON
by Kazuo Tanuma

Copyright © Kazuo Tanuma 2022
Published by Ohmsha, Ltd.
Traditional Chinese translation rights
by arrangement with Ohmsha, Ltd.
through Japan UNI Agency, Inc., Tokyo